ESSAI DE CHIMIE.

ARRAS, IMPRIMERIE DE G. SOUQUET, RUE DU CORNET, N° 248.

ESSAI DE CHIMIE

ET

OBSERVATIONS PRATIQUES

SUR LA FABRICATION

DE BETTERAVES,

Par J.-S. Clémandot,

MEMBRE CORRESPONDANT DE L'ACADÉMIE ROYALE DE MÉDECINE,
DE LA SOCIÉTÉ DE PHARMACIE DE PARIS,
ET DE CELLE DES SCIENCES ET ARTS DE BOULOGNE,
FABRICANT DE SUCRE INDIGÈNE,
A BEAUMETZ, PRÈS ARRAS,
(PAS-DE-CALAIS.)

Paris,
CHÈZ AL. MESNIER, LIBRAIRE,
Place de la Bourse.

1829.

ESSAI DE CHIMIE

ET

OBSERVATIONS PRATIQUES

SUR LA FABRICATION

DU

SUCRE DE BETTERAVES.

LA fabrication du sucre de betteraves fixe, depuis quelques années, l'attention de beaucoup de personnes et celle du gouvernement. Cette industrie, qui avait été pour ainsi dire abandonnée par suite des événemens politiques, a pris tout-à-coup un essor extraordinaire qu'aucune cause connue ne pouvait motiver.

On s'est laissé persuader que l'art de faire du sucre indigène donnait à celui qui le pratique des bénéfices immenses. On a répété cela tant de fois, par des motifs qu'il est facile de deviner, que beaucoup de personnes s'y sont laissé prendre, et, à voir le nombre des fabriques qui se sont élevées et qui s'élèvent encore, on pourrait penser qu'il n'y a rien d'exagéré dans tout ce qu'on a avancé touchant les bénéfices que procure l'art de faire le sucre.

On a fait tant de bruit à ce sujet, qu'une modeste industrie, qui était restée jusque là inaperçue, excita bientôt l'attention du fisc, toujours prompt à saisir les occasions de prendre part aux produits des veilles et de l'activité des particuliers; dès lors, les mots *d'impôt sur les sucres indigènes*, *de diminution de droits sur les sucres étrangers* se firent entendre et vinrent jeter l'alarme parmi ceux qui commençaient à s'apercevoir qu'on les avait leurrés par des promesses exagérées.

Les auteurs de ces promesses, effrayés eux-mêmes de leur propre ouvrage, ne tardèrent point à chanter la palinodie : on ne rétracta pas tout-à-fait ce qu'on avait avancé, l'amour-propre s'y opposait; mais on fit de nombreuses démarches qui prouvèrent seulement qu'on était en contradiction avec soi-même ; et la question relative à l'impôt resta indécise. *Adhùc sub judice lis est.*

Si l'on consulte les fabricans de bonne foi, qu'aucun motif d'intérêt particulier n'oblige à cacher la vérité, ils diront que la fabrication du sucre indigène est productive sans doute, mais que les avantages qu'elle présente sont fort modestes, et qu'ils sont même peu en rapport avec les capitaux qu'il faut y engager.

Le produit de la betterave en sucre est, dit-on, de 5 p. %. L'hectare de terre rapporte 60 à 70 milliers de livres de betteraves; donc un hectare donnera trois mille à trois mille cinq cents livres de sucre. Mais, dans ce raisonnement, fait-on entrer la part des accidens? compte-t-on sur l'inconstance des saisons?

Qu'on me donne un seul hectare de terre; je le choisirai de bonne qualité, je le fumerai abondamment, je le cultiverai et l'ensemencerai dans les tems les plus opportuns; toutes les façons que réclament les betteraves seront faites à point; rien ne sera épargné pour les sarclages; et, pour peu que la saison soit favorable, j'aurai au moins 70 milliers de livres de racines, qu'il me sera facile de récolter et de conserver sans aucune altération. Mais, au lieu d'un hectare, supposez-en cent, et les choses se passeront autrement.

Si je travaille 100 milliers de livres de betteraves, il est possible que j'en retire 5 mille livres de sucre brut; mais ne demandez pas que j'en fasse deux cent milliers avec quatre millions de racines, j'ai trop de chances contre moi. Il faut donc, dans la fabrication du sucre de betteraves, faire une grande part aux accidens. Les soins minutieux, une extrême économie dans les frais d'établissement, de main-d'œuvre et d'administration, peuvent seuls procurer quelques avantages. Les capitalistes, les gens à grandes spéculations n'ont rien à faire dans cette industrie; et ce n'est qu'aux simples manufacturiers qu'il peut convenir de s'en occuper. Lorsque le gouvernement, qu'on a obligé à porter son attention sur la fabrication du sucre indigène, se pénétrera de ces vérités, il abandonnera cette industrie à elle-même; ou s'il l'envisage sous son vrai point de vue, c'est-à-dire par les avantages qu'elle procure à l'agriculture, aux arts mécaniques, à la population nécessiteuse des campagnes, dans la saison la plus rigoureuse de l'année, il ne s'en occupera que pour l'encourager.

Ce n'est qu'en opérant avec toutes les connaissances nécessaires, et en apportant dans son travail la plus sévère économie, qu'on parviendra à d'heureux résultats.

Dans la vue d'aider à atteindre ce but, je me suis décidé à publier un Essai de chimie appliquée à la fabrication du sucre de betteraves. Cet Essai, composé au milieu de l'embarras des ouvriers et des occupations que m'occasionent quelques dispositions nouvelles dans mon usine, est sans doute loin d'avoir toute la perfection desirable; mais on y trouvera la volonté de dire la vérité sans restriction, et le desir d'être utile aux fabricans de sucre.

Quelques personnes trouveront peut-être que j'ai trop prodigué les termes de chimie : le titre même de l'ouvrage indique assez que je ne pouvais me dispenser d'en faire souvent usage. Les fabricans qui y chercheront seulement des observations pratiques en trouveront qui pourront les satisfaire, et ceux pour qui la théorie n'est point indifférente, ne seront pas fâchés de voir les explications chimiques que je donne sur les diverses opérations qu'ils pratiquent journellement.

C'est une grave erreur de croire que la pratique suffise à tout, et qu'on peut se passer de la science : l'une et l'autre est également indispensable pour bien faire.

L'art de fabriquer le sucre de betteraves se divise naturellement en deux parties bien distinctes: 1° Celle qui a pour objet les moyens de se procurer les racines le plus économiquement et le plus abondamment possible; 2° Celle qui a pour but d'extraire le sucre de ces mêmes racines.

Quand on eut reconnu que la betterave pouvait fournir, d'une manière avantageuse, un produit pour lequel la France était tributaire du nouveau monde, on sentit la nécessité de porter ses vues vers la culture de cette racine.

Des agronomes distingués, après des expériences savantes, se chargèrent d'indiquer les meilleurs modes à suivre pour obtenir des récoltes abondantes, et aujourd'hui les méthodes qu'ils ont préconisées sont encore en usage et suivies généralement. En effet, que peut-on apprendre de plus que ce qu'ils ont dit: ils ont recommandé de n'ensemencer les betteraves que dans des terres arables de très bonne qualité, bien cultivées, et bien fumées, de sarcler souvent ces betteraves, de les isoler avec soin les unes des autres. Ils ont indiqué quelle était la meilleure espèce de betterave à employer pour en extraire le sucre, ils ont enfin dit tout ce qu'il était possible de dire dans les livres, laissant à la pratique le soin de faire l'application des préceptes qu'ils ont donnés, et d'y apporter les perfectionnemens qu'elle seule peut indiquer.

Revenir sur cette matière ce serait se livrer à des redites inutiles; nous n'ajouterons qu'un mot, c'est que les meilleures théories, en agriculture, ne valent pas une pratique éclairée par des observations judicieuses, et que les livres ne sont rien si la pratique ne vient à l'appui de ce qu'ils enseignent.

Ces considérations m'ont déterminé à abandonner le projet de publier un nouveau traité de la fabrication du sucre de betteraves que j'avais presque terminé.

Personne n'ignore que la meilleure manière d'apprendre à cultiver les betteraves est de se livrer à cette culture, et à observer de près les travaux qui y concourent. N'est-ce point en sachant apprécier le terrein sur lequel on opère, en lui donnant les façons les plus convenables, les engrais les plus appropriés, qu'on parvient à obtenir les meilleurs résultats?

Les vicissitudes des saisons ne peuvent-elles pas modifier à l'infini les principes agronomiques, et le simple théorien saura-t-il, seul et sans autre guide, apporter ces modifications? Disons-le encore une fois, ce n'est point dans les livres seuls qu'on apprendra à cultiver la betterave: il faut, à ce qu'ils enseignent, joindre le secours d'une pratique bien entendue pour y parvenir plus sûrement.

Mais si, à nos yeux, la pratique est presque tout pour la culture de la betterave, nous ne pensons point qu'il en soit de même des procédés au moyen desquels on retire le sucre de ces racines. Ici la théorie est d'un grand secours ; c'est par elle qu'on explique les anomalies que l'on remarque chaque jour dans la fabrication du sucre indigène; c'est elle qui, bien entendue, fait éviter les fautes nombreuses que l'on fait lorsque l'on marche sans son appui. La théorie fait trouver des procédés meilleurs qui conduisent à des produits plus avantageux; elle explique ce qui se passe dans toutes les opérations; enfin, elle peut conduire à d'heureuses découvertes.

Malgré tous ces avantages, on ne peut s'empêcher de reconnaître que la partie théorique de la fabrication a été long-tems négligée; soit qu'on n'y attachât pas toute l'importance qu'elle mérite, soit qu'on crût pouvoir s'en passer. On a vu prospérer des fabriques dirigées par la seule pratique unie à des soins minutieux et bien entendus; mais ces exemples sont une heureuse exception à la règle, et ne doivent point induire à penser qu'on puisse travailler sans instruction.

De tout tems la chimie a prêté ses lumières à la fabrication du sucre de betteraves. Margraff, l'auteur de la découverte de cet important produit, était un chimiste célèbre; un chimiste non moins habile, M. Achard, a enseigné l'art de l'extraire en grand; enfin, les Deyeux, les Bonmatin, les Derosnes, les Chaptal, etc.

l'ont sans cesse éclairée de leur science profonde.

M. Dubrunfaut s'est, dans ces derniers tems, distingué par un zèle particulier. L'essai d'analyse de la betterave, qu'il a placé à la suite de son *Traité de Fabrication*, plusieurs savans mémoires qu'il a publiés dans le journal l'*Industriel*, ont jeté un grand jour sur la théorie de cette fabrication, et on doit déjà de grandes améliorations aux conséquences qu'il déduit des faits qu'il présente.

Mais tout ce qui a été dit sur ce sujet intéressant dans un grand nombre d'ouvrages est épars, et nous croyons rendre un véritable service à cette fabrication en essayant de réunir dans un traité peu étendu ce qu'il est nécessaire de savoir. Si nous atteignons le but que nous nous sommes proposé, nous aurons contribué à la prospérité d'une industrie qui acquiert de jour en jour une nouvelle importance par son utilité. Notre dessein, en publiant ce travail, est de passer en revue toutes les opérations chimiques de la fabrication du sucre de betterave. Nous ne dirons rien des autres opérations qui sont purement manuelles, non plus que de l'emploi des machines, persuadé que c'est seulement dans les fabriques qu'on peut acquérir ce qu'il faut savoir relativement à ces objets, et que les livres ne peuvent jamais apprendre qu'imparfaitement.

DE LA NATURE DE LA BETTERAVE

ET DES MOYENS PRÉSERVATIFS POUR S'OPPOSER A L'ALTERATION DE SON SUC.

La betterave est composée d'une grande quantité d'eau qui tient en dissolution du sucre, de l'albumine, une matière végéto-animale ou ferment, différens sels dont la nature varie souvent selon la qualité du terrein, et dont les proportions ne sont pas toujours les mêmes, tels que des oxalates d'ammoniaque, de potasse, de chaux; de l'hydrochlorate d'ammoniaque, du sulfate et du phosphate de chaux, et quelques autres substances en petite quantité dont la présence n'est d'aucune influence dans la fabrication du sucre *, et enfin du parenchyme ou matière ligneuse dans la proportion de 3 à 4 pour $^0\!/_0$.

En réfléchissant à toutes les substances qui constituent la betterave, on voit que beaucoup d'entre elles sont peu susceptibles d'altération; mais il n'en n'est pas de même pour les autres : aussitôt que l'équilibre qui concourt à la conservation de la betterave est rompu, certains principes réagissent les uns sur les autres; de là naissent des produits nouveaux, et quelques-uns de ceux qui existaient d'abord sont dénaturés. C'est le phénomène qui arrive lorsque la betterave est saisie par la gelée, lorsqu'elle est exposée à un air froid et humide, lorsqu'elle reçoit des

* Voir l'*Art de Fabriquer le Sucre de Betteraves*, par M. Dubrunfaut, page 549 et suiv.

contusions qui endommagent sa texture, lorsqu'elle séjourne long-tems dans de l'eau, etc.

Dans tous ces cas, le ferment réagit d'une manière très énergique sur le sucre, l'altère en grande partie et peut même le détruire tout-à-fait. Ce sucre perd sa propriété cristallisable, et il se développe, dans le jus, une matière filante et visqueuse qui s'oppose d'une manière toute particulière à l'extraction du sucre cristallisable que pourrait encore contenir la betterave.

Il est donc bien essentiel d'avoir connaissance de ces phénomènes pour obvier, autant que possible, aux accidens que je viens de signaler.

La conservation des betteraves, après qu'elles sont récoltées, est le but principal vers lequel doivent tendre tous les efforts des fabricans; cependant ces efforts sont souvent inutiles, et, quelque soin que l'on prenne, il est difficile de les conserver intactes.

Si les betteraves sont bien saines et dans un bon état de conservation, il faut s'opposer, autant que possible, à l'altération qui a lieu pendant les opérations par lesquelles on extrait le jus de ces racines, comme à celle qui se manifeste dans le jus lui-même après son extraction. Si les betteraves ont déjà éprouvé un commencement d'altération, les précautions qu'il faut prendre sont encore plus nécessaires. Divers moyens sont mis en usage à cet effet; nous allons les passer en revue et faire sur chacun d'eux les réflexions que l'expérience nous a suggérées.

On s'est d'abord servi pour s'opposer à l'altération

du jus de betteraves, de l'acide sulfurique, et Achard, qui l'a recommandé le premier, avait en lui une telle confiance, qu'il prescrivait de le mettre par portions dans la pulpe, au fur et à mesure qu'elle était préparée par la râpe ; cependant on abandonna cette méthode, parce qu'on s'aperçut que le résidu, sortant des presses, restait imprégné d'une assez grande quantité d'acide sulfurique qui, d'abord, était en pure perte, et dont la saveur pouvait ensuite déplaire ou même nuire aux animaux, auxquels on le donne comme nourriture. On se contenta donc de mêler l'acide au jus une fois obtenu, et beaucoup de fabricans suivent encore ce procédé.

L'effet de l'acide sulfurique, dans cette opération, est de s'opposer à l'action du ferment qu'il rend insoluble, il précipite également la majeure partie de l'albumine végétale que contient la betterave. Les doses d'acide que l'on emploie sont fort variables et l'on diffère d'opinion sur la durée du tems pendant lequel on doit laisser l'acide en contact avec le jus. Des fabricans emploient seulement un demi-gramme d'acide sulfurique par litre de jus; d'autres portent cette dose depuis un gramme jusqu'à un gramme et demi et même deux grammes.

Les uns mettent l'acide au moment où le jus est dans la chaudière de défécation, tandis que d'autres laissent, à dessein, l'acide en contact avec le jus pendant cinq à six heures, avant de soumettre ce jus à la défécation. Tous les fabricans qui emploient l'acide

*

sont d'ailleurs d'accord sur ces points, qu'il faut que l'acide soit étendu de cinq à six fois son poids d'eau avant d'être mêlé au jus, et éviter de chauffer longtems le jus mêlé à l'acide, sans ajouter la chaux.

Si l'on mettait l'acide sulfurique concentré dans du jus de betterave, toutes les parties touchées par l'acide seraient à l'instant altérées; il est évident par là que la précaution d'étendre l'acide d'eau est indispensable. Quant à la nécessité d'ajouter la chaux avant que le jus ait atteint plus de 15 à 16°, on la concevra lorsque l'on saura que les acides en général, et l'acide sulfurique en particulier, à cause de sa grande énergie, altèrent facilement le sucre; il est donc essentiel d'atténuer, de détruire l'action de cet acide en le combinant avec une substance qui en neutralise les effets, et c'est ce que fait la chaux. On n'est pas d'accord sur les effets que produit l'acide sulfurique dans la fabrication du sucre de betteraves. Des fabricans le regardent comme un principe conservateur du jus, qu'il est indispensable d'employer; d'autres n'y voient qu'un agent propre à altérer le sucre, et dont il faut redouter l'action délétère.

En considérant la manière d'agir de l'acide sulfurique sans prévention, il nous sera facile de démontrer que les partisans de son emploi dans la fabrication du sucre de betteraves ont été trop loin, lorsqu'ils ont prétendu qu'on ne pouvait s'en passer; comme aussi il sera aisé de faire voir que ceux qui ne veulent pas l'employer, même à la moindre dose, s'en sont trop exagéré les mauvais effets.

Si l'on opérait toujours sur des betteraves parfaitement saines ; si les ustensiles dont on se sert pour l'extraction du jus de betteraves étaient constamment tenus dans un état de propreté parfaite et dépouillé de toute espèce de levain de fermentation ; si enfin, le jus réunissait toutes les qualités nécessaires pour constituer un liquide exempt de toute altération, nul doute que l'emploi de l'acide sulfuriqne serait tout-à-fait superflu..

Mais que les circonstances soient différentes, c'est-à-dire que les betteraves aient subi un commencement d'altération, que les ustensiles dont on se sert n'aient pas toute la propreté desirable, ou que l'on ne puisse pas déféquer le jus aussitôt que cela est nécessaire, il est évident que dès lors l'acide sulfurique devient indispensable. Si les betteraves sont altérées, il empêchera une altération plus grande ; si les ustensiles peuvent communiquer au jus une disposition fermentescible, il l'arrêtera ; en un mot, dans ce cas, les effets de l'acide sulfurique seront avantageux.

Les détracteurs de l'acide sulfurique disent, et nous partageons leur opinion, que cet acide exerce certaiņement une influence fâcheuse sur le sucre, et que, quelque peu prolongé que soit son contact avec lui, il en altère les propriétés. Jamais, quoi qu'en ait dit M. Dubrunfaut *, on ne fera du sucre candi en

* Dans l'Industriel, avril 1829, page 594.

cristaux bien réguliers avec des sucres traités par l'acide sulfurique, quelque bonne qualité qu'ils aient d'ailleurs, et nous en appelons au témoignage d'un ami de M. Dubrunfaut, M. Cafler, à celui des raffineurs de Lille, et en général à tous ceux qui font des sucres candis. Mais cette altération, si elle n'est que légère, n'a aucun inconvénient pour les sucres en pains où la cristallisation n'a pas besoin d'être régulière. Quoi qu'il en soit, on peut dire que l'usage modéré et bien entendu de l'acide sulfurique est plus utile que nuisible, que son séjour prolongé avec le jus froid de betteraves offre peu d'inconvéniens, et qu'il aide la fabrication du sucre de betteraves; que le côté désavantageux de l'acide sulfurique est évidemment de s'opposer à la confection de beaux sucres candis avec les sucres bruts à la fabrication desquels il a coopéré; que d'ailleurs il laisse dans les défécations une grande quantité de sulfate de chaux que l'on retrouve dans la plupart des opérations, et dont nous signalerons plus tard les inconvéniens; et qu'il exercerait sur le sucre une fâcheuse influence si on le laissait en contact avec le jus à une température élevée.

Un deuxième moyen de préserver les betteraves de toute altération ou au moins de l'arrêter lorsqu'elle est commencée, consiste à *muter* les betteraves, c'est-à-dire à les imprégner d'acide sulfureux, de manière à détruire en elles l'action du ferment toujours prêt à altérer le principe sucré.

Cette méthode de *mutisme* est surtout préconisée par M. Dubrunfaut, qui annonce en avoir obtenu les plus heureux résultats. Cependant quelques fabricans lui reprochent, avec raison, d'introduire dans les résidus, une assez grande quantité d'acide sulfureux, dont l'odeur et le goût désagréables répugnent aux animaux pour lesquels ils sont destinés. Or, comme ces résidus sont précieux, il est évident que, si les choses arrivent ainsi, *le mutisme* ne peut être adopté. Ce procédé n'a pas encore la sanction de l'expérience, mais il doit être pris en considération.

Voici, au surplus, en quoi il consiste : on place dans des caisses en bois, exactement fermées, la quantité de betteraves que l'on veut travailler dans un jour. Ces caisses sont surmontées d'une sorte de tuyau que l'on peut ouvrir et fermer à volonté, pour donner issue au gaz acide sulfureux. Quand les choses sont ainsi disposées, on fait arriver de l'acide sulfureux dans les caisses, lorsqu'on suppose que les betteraves en sont suffisamment imprégnées, on les remplace par des nouvelles.

Le gaz acide sulfureux peut s'obtenir de deux manières : la première consiste à faire agir de l'acide sulfurique à chaud sur de la sciure de bois, et à conduire l'acide sulfureux qui en résulte dans les caisses contenant les betteraves ; la seconde à brûler dans les caisses elles-mêmes de grosses mèches souffrées.

L'avantage de l'acide sulfureux sur l'acide sulfurique est de pouvoir être employé avant même que les betteraves soient râpées, tandis qu'on ne peut mettre l'acide sulfurique que dans le jus. Il exerce donc son action sur les betteraves entières, et empêche l'altération qui peut avoir lieu dans le râpage et pendant l'extraction du jus.

Moins le jus de betteraves est altéré et plus on obtient de sucre, plus aussi les opérations marchent avec facilité. On sent donc l'importance de conserver le jus dans le meilleur état possible avant la défécation.

Les fabricans qui redoutent l'emploi de l'acide sulfurique et qui ne connaissent point le *mutisme* par l'acide sulfureux, ont senti néanmoins que, pour conserver le jus de betterave, il était nécessaire d'y ajouter une substance propre à détruire le ferment, et ils ont remplacé l'acide par la chaux; mais on doit dire que cette substitution n'est pas heureuse, et qu'elle est loin d'avoir des résultats aussi avantageux; soit parce que la chaux n'est que très peu soluble dans les liquides aqueux, soit parce qu'elle a moins que l'acide sulfurique la propriété de précipiter le ferment.

DE LA DÉFÉCATION.

Cette opération, la plus importante de la fabrication, a pour objet d'isoler le sucre contenu dans le jus de la betterave des autres substances auxquelles il est mêlé.

La chaux est, jusqu'ici, le seul agent employé à cet effet.

On défèque le jus de betteraves de trois manières différentes, qui ont reçu chacune une dénomination particulière.

Si l'on se contente de se servir de la chaux seulement, et que l'acide sulfurique soit étranger à la défécation, c'est le *procédé des colonies*.

Lorsqu'on met l'acide sulfurique dans le jus de betteraves aussitôt son extraction, et qu'on ajoute la chaux ensuite, c'est le *procédé d'Achard*.

Enfin, lorsqu'après avoir déféqué par la chaux seule, on ajoute une certaine quantité d'acide sulfurique, c'est le *procédé français*.

Je décrirai succinctement ces trois procédés; et, m'aidant des principes que la chimie enseigne, j'expliquerai les divers phénomènes qu'on y remarque, pour que la fabrication puisse en tirer les inductions qui lui sont nécessaires.

DU PROCÉDÉ DES COLONIES.

Après avoir reçu dans la chaudière le jus qu'on veut déféquer, on le chauffe jusqu'à ce qu'il ait acquis assez de chaleur pour qu'on ne puisse plus y tenir la main; on y mêle la chaux préalablement éteinte et convenablement délayée, on continue de chauffer jusqu'à ce que le liquide jette quelques bouillons, alors on supprime le feu, et, après quelques momens de repos, on tire à clair.

La quantité de chaux à employer est fort variable : quelquefois 300 grammes suffisent pour chaque hectolitre ; d'autres fois il faut porter cette quantité jusqu'à 600 grammes et plus.

L'essentiel c'est d'obtenir des défécations bien claires et de ne mettre que la quantité de chaux nécessaire pour cela.

Voici ce qui se passe dans cette opération : l'albumine végétale, en se coagulant par la chaleur, remplit les fonctions de substance clarifiante, et entraîne toutes les parties grossières qui troublent la transparence du jus; aussi remarque-t-on que le jus se sépare en deux parties bien distinctes ; l'une épaisse et très consistante, qui occupe le dessus, ce sont les écumes; l'autre claire et limpide, c'est le jus déféqué.

La chaux, décomposant les oxalates et les hydrochlorates de potasse et d'ammoniaque, forme avec les acides de ces sels, des sels solubles et insolubles. Les sels solubles restent dans le jus, tels sont les hydrochlorates de chaux, etc.

Les sels insolubles se précipitent et se mêlent aux écumes ou au dépôt, ainsi que la chaux excédente.

La chaux, en s'unissant aux acides des sels qui se trouvent dans le jus de betteraves, met les bases de ces sels en liberté ; aussi tous les jus déféqués par la chaux seulement donnent-ils des marques d'alcalinité très prononcées, alcalinité que l'on a attribuée long-tems à ce qu'une portion de chaux restait en dissolution dans le jus ; mais j'ai prouvé que cette idée n'était point exacte, en démontrant, par des expériences faites avec soin, * que le jus déféqué ne contenait jamais de chaux, mais bien de la potasse et de l'ammoniaque, en plus ou moins grande quantité, provenant de la décomposition des sels naturels à la betterave.

On doit donc considérer le jus de betteraves, déféqué à la chaux seule, comme formé de beaucoup d'eau, de sucre cristallisable, de sucre incristallisable, d'hydrochlorate de chaux, de potasse, d'ammoniaque et d'une matière colorante que la défécation n'a point entièrement enlevée.

Si la potasse n'existait point, ou qu'elle n'y fût qu'en très petite quantité, il suffirait d'évaporer convenablement le jus, et de lui faire subir, d'ailleurs, les opérations nécessaires, pour obtenir le sucre qu'il contient; mais la présence de cet alcali apporte des obstacles tels qu'on est presque toujours obligé de ne point suivre à la lettre le procédé des colonies, et qu'on est forcé d'ajouter plus ou moins d'acide sulfurique, ce qui, comme nous le verrons plus tard, constitue le procédé français.

La présence de l'ammoniaque ne contrarie en rien les opérations; en chauffant le jus pour le faire évaporer, l'ammoniaque se dégage, et il n'en reste plus quand les sirops sont amenés à l'état de sucre.

Il n'en n'est pas de même à l'égard de la potasse; et je ferai voir tout-à-l'heure la nécessité de neutraliser

---

* Voir ma brochure intitulée; *Considérations sur les agens employés dans la défécation, etc.* A Paris, chez Mesnier, libraire, place de la Bourse.

★

l'action de cet alcali, lorsqu'il est en certaine quantité dans le jus déféqué.

Des betteraves, qui croissent dans des terreins abondamment et nouvellement fumés, contiendront beaucoup de sels ammoniacaux et de sels de potasse; elles exigeront beaucoup de chaux à la défécation; on retrouvera, dans le jus déféqué, une grande quantité de potasse et d'ammoniaque.

Lorsqu'au contraire les betteraves ont végété dans un terrein anciennement fumé, il n'en sera point ainsi, les défécations exigeront peu de chaux pour s'effectuer convenablement, et le jus contiendra peu d'alcali. Il résulte de ces deux états du jus déféqué, une différence notable dans le travail subséquent.

Lorsqu'on opère par le procédé d'Achard, on met, dans les défécations, une certaine quantité de noir provenant des clarifications de sirops. Si on suivait a même méthode pour des défécations où la potasse et l'ammoniaque sont en grande quantité, on aurait beaucoup de peine à les obtenir claires; le dépôt du noir se ferait avec une lenteur extrême, que l'enchaînement des opérations nécessaires à la fabrication du sucre ne permettraient pas.

Il est reconnu d'ailleurs que, lorsqu'on met ensemble du noir, qui a servi, et un liquide où il se trouve de la potasse libre, une portion de cette potasse se combine au noir, et que la matière colorante, qui lui était unie, devient libre et se dissout dans le jus qu'elle colore plus ou moins.

Il est encore reconnu, par les fabricans qui travaillent par le procédé des colonies, que la cuite des sirops est souvent lente et difficile ; j'avais pensé que cette difficulté tenait à la présence de la potasse libre, dont une des principales propriétés est d'avoir une très grande affinité pour l'eau. J'attribuais même à cette attraction l'inutilité des efforts que l'on faisait pour sa vaporisation. M. Dubrunfaut n'admet pas cette explication : il pense que tous les obstacles qu'on éprouve proviennent, non pas de la potasse seule, mais de la combinaison qu'elle forme avec l'albumine du sang que l'on met dans les clarifications, combinaison d'une nature visqueuse, qui retient avec force l'eau à laquelle elle est unie.

Sans rejeter cette explication, je ferai voir, d'après des expériences positives, que celle que j'ai donnée n'est pas sans vraisemblance, et d'ailleurs la conséquence que j'en ai tirée, savoir qu'il faut saturer la potasse par l'acide sulfurique, n'en reste pas moins exacte.

J'ai clarifié avec soin cinquante kilogrammes de sucre brut de bonne qualité ; je l'ai mis dans une chaudière à bascule placée sur le feu nu, et j'y ai ajouté 200 grammes * de potasse caustique préalablement dissoute. J'ai chauffé le sirop ; mais, à me-

* 50 kilogrammes de sucre représentent au moins 1,000 kilogrammes de betteraves, ou 8 hectolitres de jus qui auraient demandé plus de 4 à 500 grammes d'acide pour leur neutralisation. Je n'ai donc point trop forcé la dose de potasse, puisque, dans mon expérience, 170 grammes d'acide sulfurique m'eussent suffi pour arriver au même résultat.

sure qu'il se concentrait, je voyais l'ébullition devenir plus difficile, et ce n'est qu'après avoir employé le double du tems que j'emploie ordinairement pour cuire la même quantité de sirop, que je suis parvenu à l'amener au point de cuite convenable.

J'ai observé aussi, qu'à mesure que la concentration avait lieu, la couleur du sirop se fonçait d'une manière sensible. Le sucre, que j'ai obtenu de cet essai, était plus coloré qu'il n'aurait été, si on eût cuit sans addition de potasse.

Il est bien évident, d'après cette expérience, que les difficultés d'évaporation que j'ai éprouvées, ne doivent être attribuées qu'à la potasse seule, et non à la combinaison de cet alcali avec de l'albumine, puisqu'un sirop bien clarifié et parfaitement filtré n'en contient pas.

J'ai répété la même opération; mais, au lieu de mettre de la potasse seule, j'y ai ajouté une certaine quantité de sang; les choses se sont passées exactement comme dans la première expérience. La cuite a été seulement un peu plus longue.

J'ai opéré dans les deux cas, à feu nu, et je crois que, si je me fusse servi d'une chaudière chauffée par la vapeur, j'aurais eu beaucoup de peine à conduire la cuite à sa fin.

Il résulte de tout ce qui vient d'être dit sur le procédé des colonies, qu'il ne peut être mis en pratique que dans les cas, assez rares, où les betteraves, que l'on emploie, contiennent peu de sels de potasse, et par conséquent fournissent peu de cet alcali dans le jus déféqué.

Ces difficultés, que beaucoup de fabricans ont éprouvées, les ont forcés à apporter des modifications au procédé des colonies, et ce sont ces modifications qui constituent ce qu'on appelle le *procédé français*.

DU PROCÉDÉ FRANÇAIS.

On remarque presque toujours que le jus de betteraves, déféqué par le procédé des colonies, présente des caractères alcalins très marqués; sa saveur est peu agréable et comme urineuse, il verdit fortement le sirop de violettes, etc. On attribuait à la chaux cette propriéte alcaline et toutes les difficultés qu'on éprouve à la cuite des sirops. Quoiqu'on fût dans l'erreur sur la cause de l'alcalinité du jus, puisqu'on attribuait à la chaux ce qui n'est dû qu'à la potasse ou à l'ammoniaque, on n'en vit pas moins la nécessité de saturer l'alcali, et on eut recours à l'acide sulfurique.

Le procédé français ne diffère donc du procédé des colonies que parce que, dans celui-là, on emploie l'acide sulfurique et que, dans celui-ci, on n'en fait point usage.

Du reste, la défécation se commence de la même manière et avec les mêmes quantités de chaux; on peut suivre trois méthodes différentes pour faire usage de l'acide sulfurique dans le procédé français.

Ainsi, M. Dubrunfaut, en décrivant ce procédé, indique de mettre l'acide sulfurique quelques momens après avoir mêlé la chaux au jus, et il conseille, par des motifs qu'il explique, de laisser un petit excès d'alcali.

MM. Le comte Chaptal et Mathieu de Dombasle prescrivent de n'ajouter l'acide sulfurique qu'après que le jus déféqué par la chaux, est tiré à clair; enfin, nous avons nous-mêmes proposé de ne verser l'acide sulfurique que, lors que le jus avait été concentré jusqu'à dix ou douze degrés pour que toute l'ammoniaque, que peut contenir le jus, fût dégagée. Nous examinerons ce qui se passe dans ces trois circonstances.

Lorsqu'on verse de l'acide sulfurique dans les chaudières de défécation, quelque tems après avoir pris la chaux, non seulement on sature toute la potasse et une partie de l'ammoniaque que la chaux a rendues libres, mais encore l'acide se porte sur la chaux et forme, avec elle, un sulfate qui reste tout entier dissous dans le liquide.

Ce sulfate de chaux a l'inconvénient de se précipiter, lors de la concentration du jus, à mesure que le liquide diminue par l'évaporation, et on le retrouve encore quand on cuit les sirops pour les convertir en sucre. Le sulfate de chaux se précipite sur le fond de la bascule, ou sur les tuyaux de la chaudière, si l'on travaille par la vapeur.

Si l'acide sulfurique a saturé une partie de l'ammoniaque, il formera avec elle un sulfate d'ammoniaque qui, étant long-tems exposé à l'action de la chaleur, laissera dégager une partie de sa base, d'où il résultera un sulfate acide, toujours nuisible dans un sirop.

L'acide sulfurique, employé tel que le prescrivent MM. Chaptal et Mathieu de Dombasle, c'est-à-dire versé dans le jus quand celui-ci est tiré à clair, ne forme pas de sulfate de chaux, mais il donne naissance au sulfate d'ammoniaque, et la présence de ce sel entraîne dans l'inconvénient que je viens de signaler.

On évite la formation des sulfates de chaux et d'ammoniaque, en opérant comme nous le recommandons, et si l'on croit devoir donner la préférence au procédé français, nous ne voyons rien de plus rationnel que la méthode que nous avons indiquée.

Il est impossible d'indiquer des doses fixes et toujours constantes d'acide sulfurique, et ce n'est que par des tâtonnemens, qui présentent peu de difficultés, qu'on parvient à saturer convenablement le jus de betteraves. Quelle que soit d'ailleurs la manière d'employer l'acide sulfurique, il ne faut s'en servir que fort étendu d'eau, par exemple à 20 ou 22° de l'aréomètre pour les sirops.

DU PROCÉDÉ D'ACHARD.

Toutes les fois qu'on trouve du sucre dans un végétal, on est sûr aussi d'y rencontrer du ferment.

Tant que ce végétal est placé dans des circonstances favorables à sa conservation, il ne subit aucun changement dans sa nature; le sucre et le ferment conservent respectivement leurs propriétés, et les choses restent dans le même état. Mais il n'en n'est pas de même quand l'équilibre vient à être rompu par une cause quelconque, le ferment réagit alors sur le sucre, il s'établit un mouvement spontané auquel on a donné le nom de fermentation, qui a pour résultat de détruire le sucre en totalité ou en partie, et de donner naissance à des produits nouveaux.

La betterave, étant une racine fort composée, fort sucrée et contenant par conséquent une assez grande quantité de ferment, est très susceptible d'altération.

Sa conservation en est difficile. Les chocs qu'elle reçoit souvent lors de sa récolte et pendant qu'on la transporte des champs à la fabrique, la perturbation que font éprouver aux élémens qui constituent la betterave, les opérations qui ont pour objet d'en extraire le jus, dispose ce jus à s'altérer avec facilité, et cette altération est d'autant plus grande, qu'on opère moins promptement, qu'on apporte moins de soins à ces opérations.

Ces observations n'ont point échappé à ceux qui, les premiers, se sont occupés de la fabrication du sucre indigène, et, parmi eux, Achard de Berlin, qui n'avait point à sa disposition des moyens aussi prompts que ceux que nous possédons aujourd'hui pour extraire le jus de la betterave; aussi a-t-il été obligé de recourir à des procédés propres à conserver le jus, en attendant qu'il en eût une assez grande quantité pour le soumettre à la défécation. Il a employé l'acide sulfurique dans cette vue, et les bons effets qu'il en a obtenus l'ont engagé à rendre public son procédé.

Nous ne le décrirons pas tel qu'il a été donné par l'inventeur, parce qu'il l'avait surchargé de pratiques qui, plus tard, ont été reconnues inutiles; mais avec les modifications indiquées par M. Crespel, qui, dans sa pratique, lui donne encore la préférence sur les deux autres procédés.

Aussitôt que le jus de betteraves est sorti des presses, on y mêle une certaine quantité d'acide sulfurique. On fait couler le jus acidifié dans la chaudière; on allume le feu, et, après quelques momens, on ajoute la chaux convenablement éteinte et délayée.

Lorsque le mélange a acquis une certaine chaleur, 30 ou 35 degrés par exemple, on y délaie le noir qui a servi à la clarification du sirop de la veille, puis deux litres de sang par hectolitre, et l'on continue de chauffer jusqu'à ce que le liquide jette quelques bouillons; alors on supprime le feu, et, après quelques momens de repos, on tire le jus à clair.

Les proportions d'acide et de chaux sont fort variables, celles qu'on emploie le plus ordinairement sont de 150 grammes d'acide et 250 grammes de chaux par hectolitre de jus; on est souvent obligé de varier ces quantités dans le courant de la fabrication.

Quelques fabricans laissent séjourner l'acide avec le jus pendant plusieurs heures, d'autres se contentent de mettre l'acide peu de momens avant la défécation.

Dans cette opération, on remarque, comme dans toutes les défécations, quelque procédé qu'on ait suivi, que le jus s'est séparé en deux parties, l'une épaisse et assez consistante, qui occupe la partie supérieure, ce sont les écumes; l'autre liquide, limpide et presque incolore placée sous les écumes, c'est le jus déféqué.

Les écumes sont formées d'albumine végétale, de l'albumine du sang qu'on a ajouté pour la clarification, de matière colorante, de ferment rendu insoluble par l'acide sulfurique, de quelques autres sels insolubles : le fond ou dépôt est composé de la même manière que les écumes.

On trouve dans le jus une grande quantité d'eau, du sucre cristallisable, du sucre incristallisable, du sulfate d'ammoniaque, quelques sels peu abondans qui n'influent en rien dans la fabrication du sucre et tout le sulfate de chaux que l'acide sulfurique a pu former*.

On remarque d'abord que, pour que la défécation se fasse bien, dans le procédé d'Achard, il est nécessaire d'ajouter du sang ou du lait. On concevra que cela doit être ainsi, puisque l'acide sulfurique, ayant coagulé l'albumine végétale contenue dans le jus,

* Un hectolitre de jus peut dissoudre jusqu'à 400 grammes de sulfate de chaux, et il est rare qu'on introduise dans le jus assez d'acide sulfurique pour produire cette quantité. D'ailleurs une portion de l'acide reste combinée avec la potasse, ce qui diminue, dans des proportions variables, la quantité de sulfate de chaux.

cette albumine ne peut plus agir comme substance clarifiante et qu'il faut la remplacer : tel est l'objet du sang ou du lait.

Nous avons vu que cette addition de sang ou de lait n'est pas nécessaire quand on défèque un jus qui n'a point été acidifié.

L'addition du noir qui a servi dans les clarifications précédentes, n'a d'autre inconvénient dans l'espèce de défécation qui nous occupe, que de ramener, pour ainsi dire, à l'état de jus, du sirop déjà fait, d'où il suit qu'il passe deux fois au feu.

Le jus déféqué par la méthode d'Achard, contient, comme je l'ai dit, une grande quantité de sulfate de chaux. Ce sel se précipite à mesure que le liquide diminue par l'évaporation, il s'attache sous forme de dépôt au fond des chaudières et les rend difficiles à nettoyer. Pour prévenir ce désagrément, des fabricans mettent au commencement de la concentration, une certaine quantité de noir sur lequel les sels qui se précipitent s'attachent, ce qui les empêche d'adhérer aux chaudières.

Quoi qu'il se dépose la majeure partie du sulfate de chaux pendant qu'on rapproche le jus pour l'amener à l'état de sirop, il en reste encore beaucoup dans ce sirop; on le voit, lorsqu'on le cuit dans des chaudières chauffées par la vapeur, ce sel salit promptement les tuyaux des chaudières, il forme tout autour une couche qui n'est point conductrice de la chaleur, et, cette circonstance oblige à des nettoiemens qu'il faut répéter souvent, ce qui occasione des retards dans les opérations.

Si l'on opère à feu nu, dans une bascule, il se forme, au bout de quelques cuites, une croûte à laquelle s'attache le sirop, et qui le fait souvent brûler.

Si, au lieu de cuire les sirops pour les mettre de suite en formes, on les dépose dans des cristallisoirs pour obtenir le sucre par la cristallisation lente, le sulfate de chaux se précipite en même tems que le sucre se cristallise: cette circonstance ne préjudicie qu'à l'acheteur de ces sortes de sucres, qui paie 2 livres de plâtre pour deux livres de sucre, toutes les fois qu'il achète 100 livres de sucre de cristallisoirs, car des essais que nous avons faits nous ont prouvé que ces sucres contenaient toujours au moins 2 pour °/₀ de sulfate de chaux.

Une anomalie singulière, c'est que, lorsqu'on fait une défécation à la chaux seulement, on emploie presque le double de chaux de ce qu'il faut quand on met d'abord l'acide sulfurique. On pourrait penser, au contraire, que la présence de cet acide nécessitera une plus grande quantité de chaux, parce qu'il doit en être saturé lui-même; mais, comme il n'en n'est point ainsi, il faut croire que, lorsque l'acide est mis le premier, il décompose la plupart des sels qui entrent dans le jus de betteraves, qu'il s'unit à leurs bases, et que la chaux, n'ayant plus qu'à saturer des acides non combinés, et à décomposer les nouveaux sulfates formés, son action s'exécute plus aisément.

Lorsqu'au contraire on opère avec la chaux seule, son peu de solubilité fait qu'elle agit difficilement, et ce n'est qu'en raison des masses, qu'elle finit par déterminer les décompositions indispensables à la défécation.

Dans la défécation par le procédé d'Achard, quand on ne met point assez de chaux pour décomposer le sulfate d'ammoniaqne que forme l'acide sulfurique, ce sulfate peut devenir acide à l'évaporation, ainsi que nous l'avons dit en parlant du procédé français ; on ne risque donc rien de forcer un peu les doses de chaux dans le procédé d'Achard; on évite, par ce moyen, la présence d'un sel qui peut devenir nuisible.

Les fabricans qui suivent ce procédé, peuvent se contenter de laver leurs betteraves pour les avoir propres, quand même quelques portions de ces betteraves seraient altérées. Ce moyen est expéditif et économique.

Ceux qui défèquent par le procédé des colonies ou le procédé français, sont obligés de faire exactement enlever, à l'aide d'un couteau, toutes les portions altérées des betteraves. Sans cette précaution, il est impossible d'obtenir des défécations claires.

Dans le premier cas, l'acide sulfurique arrête l'altération qui a lieu dans le jus, altération d'autant plus active, que le levain de fermentation est plus abondant par suite du mauvais état des betteraves.

Dans l'autre circonstance, au contraire, rien n'est là pour empêcher l'altération d'aller toujours croissant; et, je le répète, il n'y a qu'un nettoiement fait très exactement, qui puisse faire éviter d'employer l'acide sulfurique avant la défécation.

Il est, au surplus, fâcheux que le nettoiement des betteraves ne puisse simultanément se faire, et au moyen du couteau et par le lavage, à cause de la dépense assez considérable qui en résulte, car on obtient, par ce moyen, des résidus toujours très propres et fort appétissans pour les animaux, à la nourriture desquels ils sont destinés.

J'ai exposé avec détail tout ce qui se passe dans les trois procédés qui concourent à l'opération la plus importante de la fabrication, *la défécation*. Les fabricans pourront se décider, avec connaissance de cause, à adopter celui qui leur paraîtra préférable. Ils présentent l'un et l'autre des avantages et des inconvéniens; il faut faire la balance des uns et des autres, et ne rien adopter d'exclusif. Un examen attentif et impartial présidera au choix que l'on fait de telle ou telle méthode; toute autre manière d'agir sent la routine et doit être rejetée.

DE L'ÉTAT LE PLUS FAVORABLE

DANS LEQUEL DOIVENT ÊTRE LE JUS DÉFÉQUÉ ET LES SIROPS.

Nous avons déjà dit qu'il fallait éviter avec soin que les jus ou sirops de betteraves fussent acides, nous avons dit aussi, en parlant du procédé des colo' nies, qu'il n'était pas moins nécessaire d'empêcher qu'ils fussent alcalins; nous examinerons de nouveau cette question, lorsqu'il s'agira de la décoloration, et nous verrons que l'état le plus favorable des jus et sirops est d'être neutres. Nous indiquerons ici, afin de ne plus y revenir, quels sont les moyens à employer pour apprécier la qualité chimique d'un sirop, et nous dirons que c'est par les réactifs qu'on peut acquérir ces connaissances.

On appelle *réactifs* en chimie, certains agens qui ont pour objet de déterminer l'état chimique des corps, avec lesquels on les met en contact.

Les *réactifs* propres à la fabrication du sucre de betteraves peuvent se réduire à deux : le bleu tournesol, et ce même bleu rougi par un acide. Les deux papiers tournesol rouge et bleu * sont un guide facile et certain, au moyen duquel, on peut connaître très aisément l'état du jus et des sirops que l'on veut examiner.

Si l'on plonge du papier bleu dans du jeu ou dans du sirop où il y a excès d'acide, de suite, ce papier

---

* Pour préparer ce papier, on prend de petits pains de tournesol, connus chez les épiciers sous le nom de bleu de blanchisseurs : on délaie ces pains dans de l'eau, après les avoir écrasés, on passe la teinture bleue qui en résulte au travers d'un linge serré, ou mieux encore dans un filtre de papier gris, et on trempe dans cette teinture, à plusieurs reprise, des bandes de papier, jusqu'à ce qu'elles soient d'un bleu assez foncé. D'un autre côté, on plonge une certaine quantité de ces bandes de papier bleu dans de l'acide sulfurique très étendu d'eau ; aussitôt après cette immersion, le papier, de bleu qu'il était, devient rouge. On le lave dans de l'eau, et on le fait sécher pour l'usage.

devient rouge ; et cette couleur rouge, se manifestera plus tôt ou plus tard, ou sera plus ou moins vive, suivant le degré d'acidité du sirop. Dans les liquides où il y a excès d'acide, le papier rouge ne change pas ; mais, si on le plonge dans des jus ou sirops qui contiennent un excès d'alcali, après quelques minutes, le papier est ramené au bleu.

Quand on s'aperçoit qu'un sirop est acide, c'est-à-dire qu'il rougit le papier bleu tournesol, on ajoute à ce sirop du lait de chaux jusqu'à ce que l'excès d'acide ait disparu. Un lait de chaux n'est autre chose que de la chaux éteinte, délayé dans un peu d'eau. On remarquera aussi qu'il vaut mieux enlever l'excès d'acide dans le jus que dans le sirop, si on attend trop tard il y a déjà une portion de sucre altéré.

Lorsque les sirops sont alcalins, c'est-à-dire quand ils ramènent au bleu le papier rouge de tournesol, il faut ajouter avec précaution de petites quantités d'acide sulfurique fort étendu d'eau, jusqu'à ce que le papier ne change plus.

Un sirop neutre et tel que nous conseillons de le préparer, ne doit nullement changer la couleur des papiers bleu et rouge qu'on y plongera simultanément.

DE LA CONCENTRATION DU JUS DÉFÉQUÉ.

La concentration du jus de betteraves est une opération fort simple ; elle consiste à soustraire, à l'aide du calorique, l'eau surabondante au sucre. Il y a néanmoins quelques précautions à prendre qu'il est bon de ne pas négliger.

Le jus le mieux déféqué, celui qui paraît le plus clair et le plus exempt de toute matière étrangère, lorsqu'il est en petite quantité, vu dans une cuiller, par exemple, n'a pas encore toute la pureté desirable. Qu'on examine le jus dont nous parlons sous un volume plus considérable, et on se convaincra bientôt de l'exactitude de ce que nous avançons.

D'ailleurs le jus qu'on obtient par l'expression des écumes, en entraîne souvent avec lui une petite quantité, et il est bon de s'en débarrasser ; il ne peut en résulter que des avantages.

Le sucre à l'état de liquide est un corps essentiellement altérable, et, lors de la concentration du jus, il se trouve dans les circonstances les plus propres à éprouver cette altération, puisqu'il est en contact avec une multitude de substances qui ne peuvent exercer qu'une action nuisible sur lui, étant favorisées surtout par le calorique, par l'abondance du liquide au milieu duquel elles sont disséminées, et par la longueur de l'opération. Lorsqu'on opère sur de grandes quantités, il ne suffit pas de connaître le remède à tel mal, il faut encore savoir l'appliquer sans avoir recours à ces manipulations gênantes qu'on ne peut mettre en usage à la rigueur que dans les petites fabriques, et, tout en proposant un moyen de rendre le jus clair, nous avons soin qu'il soit d'un emploi facile. Aussitôt que la défécation est faite, et qu'après quelques momens de repos, le jus est bon à tirer à clair, au lieu de le faire couler dans les chaudières évaporatoires, on le recevra dans des filtres* où on aura mis du noir animal. Le jus coulera au travers de ce noir très promptement et parfaitement débarraseé des substances qui en troublaient la transparence.

Si l'on se sert, pour la filtration du jus, d'un noir qui n'ait point encore servi, on obtiendra outre une filtration très limpide, une décoloration parfaite de ce jus.

Si l'on veut employer du noir qui a déjà servi à la décoloration des sirops, nous conseillons de laver ce noir à l'eau bouillante pour le dépouiller d'une matière visqueuse et colorée qui serait dissoute dans le jus.

Il est surtout essentiel de ne point passer sur du noir qui a déjà servi, des jus alcalins; car la potasse qui est à l'état de liberté se combinerait au noir et reporterait, dans le jus, la matière colorante, ce qui filtrerait serait limpide, mais plus coloré qu'avant la filtration.

Ce moyen d'avoir des jus très clairs améliorera singulièrement la fabrication du sucre et rendra certainement la concentration plus facile.

---

* On trouvera la description de ces filtres et la manière d'arranger le noir, à l'article où nous traiterons de la décoloration des sirops.

A mesure que l'évaporation a lieu, on voit que le jus se trouble de plus en plus, et si l'on en prend une petite quantité, et qu'on le laisse quelques instans en repos, on remarque qu'il s'en sépare une infinité de petits flocons qui ont la plus grande peine à se précipiter, tant ils sont divisés. Ce sont ces flocons qui rendent la clarification difficile et qui s'opposent d'une manière particulière à la filtration. En passant le jus sur du noir, on diminuera de beaucoup la quantité de ces flocons. Le jus filtré a encore l'avantage de s'évaporer plus vite et de ne point monter en mousse, ce qui dispense de fermer sans cesse les robinets quand on opère dans des chaudières chauffées par la vapeur, où de remuer sans cesse avec une écumoire si l'on opère dans les bascules.

On évapore, ou ce qui est la même chose, on concentre le jus déféqué de deux manières : ou à feu nu ou par la vapeur. Le premier de ces moyens demande plus de soin que le second, surtout vers la fin de l'opération, parce qu'on peut craindre de brûler la matière ; tandis que la vapeur ne présente jamais cet inconvénient. Les fabricans, qui concentrent à feu nu, ajoutent une certaine quantité de noir animal à la concentration ; les sels qui se déposent à mesure que l'eau diminue par l'évaporation, ainsi que quelques matières grossières que contient encore le jus, viennent s'attacher sur ce noir, s'y fixent, et ne vont point adhérer au fond des chaudières où elles pourraient brûler et communiquer de mauvaises qualités aux sirops. Cette précaution d'ajouter du noir animal est très bonne, et elle facilite singulièrement le nettoiement des appareils évaporatoires.

Les chaudières évaporatoires chauffées par la vapeur offrent toute sécurité, on y trouve de plus, économie dans le combustible et dans la main d'œuvre.

On concentre le jus pour l'amener à l'état de sirop jusqu'à 26 ou 28 degrés du pèse-sirop de Beaumé, à ce degré, la clarification et la filtration se font bien.

DE LA CLARIFICATION DES SIROPS.

Lorsque le jus de betteraves est concentré au point convenable, c'est-à-dire, lorsqu'il marque de 26 à 28° à l'aréomètre pour les sirops, on procède à la clarification.

Pour cela, on place dans une chaudière cinq à six hectolitres de sirop, par exemple, on chauffe de manière à donner au sirop une température de 30 degrés environ du thermomètre centigrade, on y mêle cinq à six litres de sang de bœuf ou une dixaine de litres de lait écrèmé, et quelques instans après 15 à 20 kilogrammes de noir animal en poudre fine, l'on fait bouillir quelques minutes, puis on supprime le feu pour enlever les écumes épaisses qui se sont rassemblées à la surface. On fait bouillir de nouveau le sirop, et on y verse à une ou deux reprises, un litre de sang ou deux litres de lait mêlés d'une certaine quantité d'eau.

Quand le sirop a jeté deux ou trois bouillons, on l'écume, puis, après l'avoir laissé déposer pendant quelques minutes, on le coule sur le filtre.

Nous avons déjà fait voir les avantages de préparer des sirops neutres : nous les signalerons de nouveau ici.

Quand il y a un excès d'alcali dans un sirop, cet alcali se combine avec l'albumine de sang, et forme avec elle un composé qui n'a aucune propriété clarifiante. Aussi les sirops alcalins sont fort difficiles à obtenir clairs, d'ailleurs cette combinaison de potasse et d'albumine se retrouve à la cuite, et la rend très difficile.

D'un autre côté le noir animal que l'on ajoute à la clarification des sirops ne décolore presque pas les sirops alcalins, et décolore au contraire très bien les sirops neutres.

Pour que le noir, comme matière décolorante, agisse bien dans les clarifications, il faudrait que les sirops, auxquels on l'ajoute, fussent bien dépouillés de toute matière qui put empêcher l'action de ce noir, et il vaudrait mieux conséquemment ne le mettre à la clarification, qu'à la fin de l'opération, au lieu de l'employer au commencement ; mais nous avons remarqué que, de cette manière, la filtration était plus difficile.

DE LA FILTRATION DES SIROPS.

Quoique cette opération présente peu d'observations

à faire, nous en dirons cependant quelques mots.

La filtration est d'autant plus facile que la clarification a été plus parfaite. Il arrive cependant que, malgré toutes les précautions imaginables, on ne parvient pas toujours à clarifier aussi bien qu'on le voudrait, et il en résulte des difficultés plus ou moins grandes, qui ont engagé les fabricans à recourir à diverses sortes de filtres plus ou moins ingénieux, mais quelquefois fort compliqués.

Nous en parlerons, après avoir dit de quoi se compose le filtre le plus ordinairement employé.

Ce filtre n'est, comme on sait, qu'un coffre de bois, doublé en cuivre, ayant la forme d'une pyramide quadrangulaire tronquée. A sa partie inférieure, on perce un trou qui communique à un tuyau terminé par un robinet.

On place dans ce coffre un panier d'osier à claires voies, et, dans ce panier une étoffe de laine ou de coton d'un tissu assez serré. Le tout est recouvert par un couvercle qui ferme exactement.

Cette sorte de filtre réussit bien pour les sirops qui proviennent de sucres déjà faits, fondus et bien clarifiés, et presque tous les raffineurs en font usage; mais le sirop de betteraves offre souvent plus de difficultés, aussi remarque-t-on, au bout de quelque tems, quand on filtre ce sirop, que le fond et les parois de l'étoffe s'imprègnent d'un dépôt très divisé * qui

* Ce dépôt est plus abondant quand on concentre du jus qui tient en solution une grande quantité du sulfate de chaux.

en obstrue les pores et rend la filtration presque nulle.

Nous sommes parvenu, par un moyen bien simple, à nous servir utilement du filtre ordinaire, et même à passer des sirops peu aisés à filtrer ; il consiste à placer, dans le fond de ce filtre, quelques poignées de paille, que l'on maintient par une croisure qui entre à force jusqu'à la profondeur convenable pour que la paille ne soit pas trop comprimée ; le dépôt s'attache à la paille et ne va point obstruer l'étoffe.

Parmi les filtres qui sont en usage, on cite celui de M. Taylor comme remplissant très bien son but. Ce filtre, pour lequel l'auteur a pris un brevet d'invention, se compose d'une grande quantité de sacs en coton, fort larges, enveloppés eux-mêmes dans des sacs de toile plus étroits qui compriment les sacs de coton, lorsque ceux-ci sont pleins de sirops. Ce filtre laisse passer promptement les liquides qu'on lui confie, à cause du très grand nombre de surfaces qu'il présente, mais il oblige à des lavages réitérés qui entraînent nécessairement la perte d'une assez grande quantité de sirops, et qui demandent en outre beaucoup de tems et beaucoup d'eau.

On a aussi imaginé des filtres à compression soit en comprimant le sirop à l'aide d'une pompe foulante, soit en plaçant la chaudière de clarification fort au dessus du filtre. Mais ces moyens ne paraissent pas avoir bien réussi jusqu'à présent. Du reste, les filtres seront toujours tenus dans un local dont la température soit assez élevée, et ils ne doivent pas contenir plus de trois à quatre hectolitres.

Quelques fabricans, pour faciliter la filtration des sirops, font passer le jus au travers d'une toile, lorsqu'il marque 12 à 15° à l'aréomètre ; mais cette manipulation est embarrassante, et ne se fait pas toujours bien.

D'autres fabricans enfin ne filtrent pas du tout ; ils se contentent de tirer à clair les sirops clarifiés, et les laissent déposer pendant deux ou trois jours dans des réservoirs placés dans une température douce.

Cette méthode est assez commode ; mais elle n'est pas exempte d'inconvéniens. Les sucres, qui proviennent de ces sirops, contiennent encore, pour la plupart, des particules de noir qui ne se sont pas déposées, et d'ailleurs nous croyons que les sirops non filtrés sont peu propres à subir avantageusement la décoloration. Les fabricans qui n'emploient l'acide sulfurique qu'à la cuite, clarifient et filtrent par conséquent des sirops alcalins ; ces fabricans préfèreront pour leurs filtres les étoffes de coton aux étoffes de laine, celles-ci résisteraient beaucoup moins long-tems, parce que la potasse qui existe à l'état de liberté dans le sirop agit sur la laine, de manière à en détruire promptement le tissu.

DE LA DÉCOLORATION DES SIROPS.

Depuis les belles découverte de Lowitz et de M. Fignier de Montpellier sur les propriétés décolorantes du charbon végétal et du noir d'os, et depuis l'heureuse application qu'en avait faite M. Ch. Derosnes, on possédait un agent précieux pour améliorer la fabrication du sucre indigène, on l'employait tous les jours; mais il faut convenir qu'on était bien éloigné d'en retirer tout le fruit qu'on avait droit d'en attendre. En effet, si l'on réfléchit sur la manière dont on emploie le noir d'os, on sera surpris qu'on n'y ait pas apporté plus tôt les changemens que les besoins de la fabrication demandaient, et l'on reconnaîtra que ce noir est loin d'être placé dans les circonstances les plus propres à la décoloration des sirops.

Dans le procédé suivi jusqu'ici par les fabricans de sucre de betteraves et les raffineurs, quelque tems après avoir mêlé le sang avec le sirop que l'on veut clarifier et décolorer, on ajoute sur la quantité de sucre employé 10 pour % de noir animal en poudre, et quand on juge que le sirop est suffisamment clarifié, on jette le tout sur un filtre.

Le noir se trouve, dans cette circonstance, non seulement en contact avec le sucre, mais encore mêlé avec toutes les matières grossières qu'on y rencontre ordinairement, ainsi qu'avec l'albumine du sang. Toutes ces matières étrangères au sucre proprement dit, enveloppent les molécules du noir et diminuent singulièrement son action.

Quand tout le mélange contenu dans la chaudière de clarification est jeté sur l'estamet, le noir se pré-

*

cipite au fond du filtre, ses molécules se placent les unes sur les autres, se collent pour ainsi dire entre elles, et le sirop ne les touche que faiblement. Si le sirop passe vite, et c'est ce qui arrive quand le sucre est de bonne qualité, il n'est pour ainsi dire qu'un moment en contact avec le noir; si le sirop ne passe pas du tout, le noir se tient au fond du filtre, de là le peu d'effet décolorant que produit le noir animal.

C'est probablement d'après ces considérations qu'on a cherché à employer cet agent d'une manière mieux entendue, et il faut avouer qu'on y est assez heureusement parvenu. Deux personnes se disputent la gloire, nous ne dirons pas de la découverte, mais de l'idée ingénieuse qui a atteint ce but.

Ainsi M. Edouard...., ancien raffineur, prétend l'avoir mise à profit, il y a plus de dix ans, et M. Dumont, aussi ancien raffineur et actuellement marchand de noir à Paris, élève les mêmes prétentions.

M. Edouard.... n'y attache d'ailleurs aucune importance, puisqu'il dit qu'il possède quelque chose de mieux encore, mais qu'il ne fera connaître ce mieux, que lorsqu'il le jugera convenable à ses intérêts. Quant à M. Dumont, il veut absolument qu'on ne se serve de son procédé que quand on l'aura acheté, ne faisant sans doute pas attention qu'il n'a rien découvert; qu'il se sert de noir animal, substance décolorante connue depuis long-tems, et que son appareil de filtration n'est autre chose, sur une plus grande échelle, que la cafetière de Debelloy.

Néanmoins la justice nous oblige à rendre hommage aux efforts de ces messieurs, car ils ont assigné au noir animal la véritable place qu'il doit tenir parmi les substances décolorantes; ils ont rendu un véritable service à la fabrication du sucre de betteraves en particulier, et à l'art de raffiner le sucre en général.

Dans le nouveau procédé de décoloration, tout est rationnel. Les sirops doivent être présentés au noir dans l'état le plus favorable, c'est-à-dire qu'il faut qu'ils soient limpides et bien clarifiés. Ensuite, employant le noir moins divisé, l'application immédiate des particules du noir n'a plus lieu comme dans le premier cas; le sirop circule librement et lentement; et la combinaison de la matière colorante se fait facilement, parce que tout concourt à ce que cette combinaison s'exécute bien.

Avant d'entrer dans les détails de l'opération qui a pour objet la décoloration des sirops, nous pensons qu'il est utile de connaître la nature de l'agent dont on se sert pour y parvenir, et celle de la substance sur laquelle il opère; ce n'est que, muni de ces documens, que le fabricant agira avec connaissance de cause dans l'opération de la décoloration des sirops. Nous examinerons aussi la manière dont le noir agit sur la matière colorante des sirops et les conséquences qu'on peut en tirer dans l'intérêt de la fabrication.

DU NOIR ANIMAL.

Le noir animal est le résultat de l'action de la chaleur sur les os des animaux, placés dans certaines circonstances.

Les os sont composés de deux substances principales : une matière saline (phosphate et carbonate de chaux, etc.) qui n'éprouve pas d'altération sensible au feu. Une matière animale (la gélatine) qui sert de rézeau à la matière saline qu'elle enveloppe et maintient dans la forme affectée aux différens os.

Cette matière animale étant composée de principes volatils et fixes, (hydrogène, oxigène et carbone) lorsqu'on l'expose à la chaleur y éprouve une altération plus ou moins considérable; elle peut être détruite entièrement.

Lorsqu'on jette un os dans le feu, on le voit, d'abord, prendre une couleur brune, puis cette couleur se fonce de plus en plus, pour devenir entièrement noire; si l'on continue l'expérience, on s'aperçoit que cette couleur noire disparait peu à peu, et que l'os finit par devenir tout-à-fait blanc. Lorsque l'opération est portée à ce point, tous les principes constituans de la gélatine, en se combinant avec l'oxigène de l'air, ont formé de nouveaux composés qui se sont volatilisés.

D'après ce que nous venons de dire, il est évident que ce n'est point en calcinant les os à l'air libre que l'on peut préparer le noir animal; cette opération doit se faire à vaisseaux clos pour conserver tout le carbone, véritable principe décolorant que contient la gélatine.

On prend, en conséquence, des os de choix; on les débarrasse avec soin de toutes les substances étrangères qui s'y trouvent mêlées; on les lave, et, après qu'ils sont secs, on les met dans des pots en fonte munis de leurs couvercles; on bouche les joints le plus exactement possible avec de la terre glaise; puis on place ces pots dans des fours que l'on chauffe. Lorsque les os commencent à se décomposer, des vapeurs abondantes et fétides sortent par les fissures qui s'établissent dans les joints des pots. Ces vapeurs ne tardent pas à s'enflammer, et cette combustion dure autant que les os contiennent des substances susceptibles d'être décomposées. Quand les vapeurs enflammées cessent de se montrer, on donne une assez fort coup de feu, et l'opération est terminée. On laisse refroidir les pots, et on en retire les os. On met de côté ceux qui ne sont point suffisamment calcinés, on broie les autres sous une meule, et on met le résultat dans un blutoir pour en séparer les parties grossières.

Les os des jeunes animaux contenant plus de gélatine donnent un noir beaucoup plus beau et plus décolorant. Les dents contenant peu de gélatine, donnent un noir qui manque de qualité. Les points blancs et brillans que l'on remarque souvent dans le noir animal, ne sont autre chose que l'émail des dents, et qui n'a éprouvé au feu aucune altération.

La chaleur que l'on fait subir aux os à la fin de la calcination, ne doit pas être excessive, autrement elle produirait dans les os une sorte de vitrification qui diminuerait les qualités décolorantes du noir. On reconnaît les noirs trop calcinés à un brillant particulier que n'a pas le noir de bonne qualité.

Le noir animal proprement dit n'est autre chose que du phosphate de chaux, un peu de carbonate de chaux, quelques autres substances en petite quantité, et du carbone ou noir pur. Le carbone entre dans la proportion de 10 pour % dans le noir animal, et a seul la propriété décolorante.

Le phosphate et le carbonate de chaux, quoique ne possédant aucune propriété décolorante, n'en sont pas moins utiles dans le noir animal ; ils servent, d'après l'observation de M. Bussy, à diviser le carbone, et à le placer dans les circonstances les plus favorables pour qu'il jouisse de toutes ses propriétés.

On ne trouve pas toujours dans le commerce du noir animal d'une qualité égale et satisfaisante, cela dépend du plus ou moins de soin qu'on a apporté dans le choix des os, lors de leur calcination. On peut d'ailleurs falsifier le noir, en y mêlant différentes substances : du noir qui a déjà servi, du grès en poudre fine, etc. Ce n'est guère que par l'usage et par comparaison qu'on peut apprécier d'une manière certaine la qualité du noir.

On aura donc soin de faire choix d'un fabricant

de noir sur la probité duquel on puisse compter, et et on comparera les effets décolorans qu'on aura obtenus de tel ou tel noir.

Tout fabricant de sucre pourrait, à la rigueur, préparer le noir animal dont il a besoin; mais cette opération est assez compliquée; il faut un four, une assez grande quantité de pots de fer, des meules, un blutoir, etc., et la fabrication du sucre de betteraves donne déjà tant d'occupation que nous ne pensons pas qu'on soit tenté d'y ajouter celle-là.

DU SIROP DE BETTERAVES.

Le sirop de betteraves est toujours composé de sucre cristallisable, de sucre incristallisable, d'eau, de matière colorante, de matière visqueuse et de quelques sels en petite quantité, dont on peut négliger de tenir compte.

Les proportions de sucre cristallisable, de sucre incristallisable et de matière colorante etc. sont fort variables.

DE LA DÉCOLORATION DES SIROPS.

Nous avons vu ce que c'est que le noir animal, nous avons indiqué la composition du sirop de betteraves, il faut maintenant examiner ce qui arrive lorsqu'on met en contact ces deux substances. Indiquer la meilleure méthode à suivre pour les placer dans les circonstances les plus favorables pour qu'elles exercent le plus complètement possible leur action réciproque, c'est décrire la décoloration.

On doit observer trois points principaux dans cette opération : 1° l'état du sirop que l'on veut décolorer, 2° l'état de division du noir que l'on emploie, 3° la manière de disposer le noir sur lequel le sirop doit passer.

Les sirops quelque foncée que soit leur couleur, se décoloreront toujours bien, s'ils sont parfaitement clarifiés et filtrés; s'ils sont tout-à-fait exempts d'alcalinité ; s'ils sont riches en sucre cristallisable ; s'ils sont présentés au noir à une densité convenable et dans un état voisin du degré qui pourrait les faire bouillir.

Le noir animal doit ressembler, pour la grosseur de son grain, à de la poudre à canon; être choisi d'un beau noir et de la meilleure qualité possible.

Quant à la manière de la disposer, nous entrerons à cet égard dans tous les détails nécessaires. Ainsi supposons un coffre de bois en forme de pyramide quadrangulaire tronquée, doublé en cuivre et pouvant contenir trois hectolitres environ. Dans ce coffre, on place une grille qui descend jusqu'à 6 centimètres (deux pouces environ) du bas du filtre. Cette grille doit être supportée par des pieds qui appuient sur le fond du filtre lui-même pour qu'elle puisse conserver la position horizontale qu'elle doit avoir, malgré le poids dont elle est chargée. Cette grille est percée dans toute sa surface de trous de 5 millimètres (deux lignes environ) de diamètre, éloignés les uns des autres de deux centimètres 70 millimètres (un pouce environ); il faut qu'elle porte à sa face supérieure deux petites poignées pliantes pour pouvoir la placer plus commodément.

Une deuxième grille, disposée de la même manière que celle dont nous venons de parler, est aussi nécessaire, avec cette différence qu'elle n'a pas besoin d'être munie de pieds ou supports ; elle doit d'ailleurs être plus large que la première, et de façon à n'entrer dans le filtre que jusqu'à la profondeur de 25 centimètres (9 pouces environ) du bord. Il résulte de cette disposition des grilles, qu'elles laissent entr'elles un intervalle de 50 centimètres (18 pouces environ). On se précautionne aussi de deux toiles, d'un tissu assez lâche : l'une se place sur la grille inférieure, et l'autre sur le noir au dessous de la grille supérieure.

Il faut aussi avoir une espèce de truelle faite d'un morceau de fer battu carré, de vingt millimètres d'épaisseur, seize centimètres de long, sur deux côtés, et dix centimètres des deux autres côtés; cette sorte de truelle est garnie d'un manche ou poignée perpendiculaire à l'axe de la platine, et d'une grosseur suffisante pour lui donner de la solidité. On voit, d'après tout ce qui vient d'être dit que l'appareil dont il s'agit ressemble tout-à-fait, aux deux toiles près, aux cafetières à la Debelloy.

Lorsque l'on veut procéder à la décoloration des sirops dans l'appareil que je viens de décrire, on met

★

en place la grille inférieure, on pose dessus une des toiles, que l'on a préalablement humectée, de façon qu'elle surmonte de quelques millimètres la grille sur laquelle on l'applique exactement.

D'un autre côté, on met dans un vase la quantité de noir en poudre grossière * que l'on croit nécessaire pour emplir tout l'intervalle qui existe entre les deux grilles; on y verse une suffisante quantité d'eau pour en former une *poudre* fortement humide et homogène; on verse quelques demi-kilogrammes de cette poudre sur la toile mise en place, et on arrange ce noir avec la main, de manière à appuyer exactement les bords de la toile sur les parois du filtre.

Lorsque ces premières dispositions sont prises, on ajoute une nouvelle quantité de noir, on l'arrange, comme la première fois, et on tasse assez fortement avec la truelle, dont j'ai parlé.

Sur cette couche de noir *tassé*, on en forme une autre de quelques pouces, que l'on foule comme la première, et on continue ainsi jusqu'à ce que l'espace qui règne entre les deux grilles soit exactement rempli; on unit parfaitement la surface de la dernière couche, on applique dessus la deuxième toile humec-

---

* On obtiendrait les mêmes effets si, au lieu d'employer du noir en poudre grossière, on se servait de noir en poudre fine. Dans ce cas, il faudrait placer, d'abord sur la grille inférieure, une couche de 9 millimètres de grès grossièrement pulvérisé et légèrement humecté; puis, sur cette couche de grès, une couche de même épaisseur de noir fin humecté, et alterner ainsi, pour remplir l'espace entre les deux grilles. Il faut finir par une couche de grès. On emploie par cette méthode moitié moins de noir.

tée, sur laquelle on pose la deuxième grille, et l'on a la précaution de ramener les bords de la toile au-dessus de la grille; mais il faut que ces bords soient fort courts et qu'ils ne retombent point sur la grille, dont ils boucheraient les trous.

On procède alors à la décoloration des sirops de la manière suivante : on verse du sirop bouillant, bien clarifié à 28° de densité, sur la grille à la hauteur de deux pouces; on attend que ce sirop ait pénétré, et l'on continue de verser du sirop tant qu'on voit, qu'en s'infiltrant dans le noir, il diminue sur la grille. Quand on s'aperçoit que le sirop ne descend plus, ce qui indique que le noir est entièrement imprégné, on ouvre le robinet et on emplit entièrement le filtre, sur lequel on met le couvercle.

On remarque que presque toute l'eau, qui a servi à humecter le noir, sort la première et isolément du sirop; peu à peu cette eau prend de la densité; toute celle qui passe sans donner de degré à l'aréomètre est rejetée comme inutile, les premiers litres qui marquent cinq à six degrés sont versés sur le sirop coloré, et ce qui se passe ensuite, acquérant bientôt plus de densité, est reçu dans un vase qui sert de récipient pour tout le sirop qui doit être décoloré. On conçoit que le sirop n'éprouvant la décoloration du noir que par son contact avec cet agent, il est nécessaire de le laisser assez long-tems avec lui; aussi, faut-il que le robinet ne soit ouvert que médiocrement, et de manière à laisser couler un filet de sirop tout au plus gros comme un petit tuyau de pipe. On continue de verser du sirop dans le filtre tant que la décoloration est satisfaisante, et on arrête l'opération, dès qu'on voit que le sirop ne passe pas décoloré suffisamment.

Le succès de cette manipulation dépend de diverses circonstances, et surtout, comme nous l'avons déjà dit, de la qualité du noir et de celle du sirop.

Le noir agit en se combinant avec la matière colorante contenue dans les sirops; moins il est chargé de cette matière, et plus sa propriété décolorante est active. Le contraire arrive lorsqu'il commence à en contenir autant qu'il peut en absorber; il suit de là que, dans le commencement de l'opération, le sirop est presqu'entièrement décoloré; plus tard, on voit qu'il passe moins blanc, et ainsi de suite, jusqu'au moment où la décoloration est à peine sensible. Il y a enfin, pour la décoloration des sirops par le noir, une suite de dégradation dont le terme est le moment où le noir animal est entièrement saturé par la matière colorante du sirop.

Il résulte de ces observations, qu'on peut faire des sirops presque aussi blancs qu'on le desire; mais le fabricant ne perdra pas de vue la question économique, et aura soin de n'abandonner le noir, que lorsqu'il verra que sa propriété décolorante est entièrement épuisée.

Pour enlever au noir le sirop dont il est imprégné, et ne rien perdre, on passe de l'eau bouillante sur ce noir pendant qu'il est encore dans le filtre jusqu'à ce que le liquide ne marque plus qu'un ou deux degrés à l'aréomètre. En rapprochant ces eaux de lavage, on obtient un sucre de moins bonne qualité que celui que fournit le sirop qu'on avait passé sur le même noir; outre la matière colorante, qui reste combinée avec le noir et que l'eau ne peut enlever, il y a encore une espèce de matière gommeuse qui enveloppe le noir et qui se dissout dans l'eau. C'est cette matière qui se trouve, par suite de l'évaporation, mêlée au sucre, et qui en diminue la quantité.

L'évaporation des eaux de lavage des noirs est une opération longue et coûteuse; on peut l'éviter en passant sur les noirs qui ont servi, les jus déféqués. Ces jus, ainsi que nous l'avons dit plus haut, en deviennent beaucoup plus clairs; mais ils ont l'inconvénient de dissoudre, comme l'eau, cette matière gommeuse que l'on retrouve dans les sucres.

Nous l'avons déjà dit, et nous le répétons à dessein: les sirops bien clarifiés et qui sortent très clairs des filtres, sont ceux qui se prêtent le mieux à la décoloration.

Les sirops alcalins, ceux qui verdissent le sirop de violettes, ou qui ramènent au bleu le papier de tournesol rougi par un acide, sont décolorés difficilement. Quand le sirop est alcalin, la potasse libre qu'il contient se combine au noir qui a plus d'affinité avec cet alcali qu'avec la matière colorante et celle-ci reste dans le sirop.

Lorsque les sirops sont mal clarifiés, les matières non dissoutes qu'ils contiennent, enveloppent le noir, l'entourent et rendent nulle son action.

Certains sirops peu riches en sucre cristallisable, mais abondans en sucre incristallisable et en matière viscoso-gommeuse, tels que les seconds sirops, les mélasses, éprouvent peu de décoloration de la part du noir. Ce qu'il y a à faire de mieux pour ces sirops, c'est de les cuire et de claircer le sucre qu'ils fournissent.

Il ne faut pas croire, parce qu'on peut décolorer les sirops par le procédé que nous venons de décrire, qu'on fera plus de sucre. On l'aura plus blanc et de meilleure qualité, ce qui est déjà d'un très grand avantage, mais on ne rétablira pas un atôme de celui qui aura été détruit par les opérations qui précèdent la décoloration. C'est un point qu'il ne faut pas perdre de vue, et, en se pénétrant bien de cette vérité, on sentira la nécessité de ne négliger aucune des opérations qui ont pour objet la fabrication du sucre, depuis le moment où l'on récolte les betteraves, jusqu'à celui où on recueille le sucre pour le livrer au commerce. Un fabricant ne doit pas chercher seulement à faire du beau sucre, il faut encore qu'il en fasse beaucoup. Qu'on ne se félicite donc pas trop de faire des sirops blancs avec de mauvais sirops, mais qu'on évite de faire de ces mauvais sirops; c'est en cela que consiste le talent du fabricant. Le noir animal viendra perfectionner ces heureux résultats, et augmenter les bénéfices en donnant encore plus de valeur aux produits.

DE LA MANIÈRE DONT LE NOIR ANIMAL

AGIT SUR LES SIROPS DE BETTERAVES.

On a ignoré long-tems comment le noir animal agissait sur les matières colorantes, il n'en est plus ainsi depuis les mémoires que MM. Bussy et Payen ont présentés sur ce sujet. Ces habiles chimistes ont démontré, jusqu'à l'évidence, que le noir animal exerçait sur la matière colorante une action particulière ; qu'il formait avec elle une combinaison analogue à celle que forment les acides avec les bases salifiables, et que ce n'était point mécaniquement et par simple application que la matière colorante s'unissait au noir.

Il faut bien que les choses se passent ainsi, puisqu'il n'est pas possible d'enlever au noir par des lavages, quelque réitérés qu'ils soient, la matière colorante dont ils sont imprégnés.

Si l'on fait bouillir dans de l'eau pendant long-tems du noir qui a servi et qui a été lavé plusieurs fois, ce noir finira par ne plus donner de couleur à l'eau ; mais on ne doit point en conclure qu'il ne contient plus de la matière colorante dont il s'est chargé ; il en est au contraire saturé et a perdu ses propriétés.

Si, au lieu de faire bouillir dans de l'eau simple le noir animal qui a servi et qui a été lavé, on emploie une solution de potasse caustique, le liquide prendra une couleur brune très prononcée, et si, après avoir filtré ce liquide, on veut le saturer par un acide, on verra que la quantité d'acide employée sera moins grande que si on avait saturé la solution de potasse avant qu'elle eût bouilli avec le noir. Donc celui-ci a absorbé une certaine quantité de potasse.

Si l'on fait évaporer la liqueur colorée, on obtiendra pour résidu une matière brune épaisse, visqueuse et d'un goût désagréable.

Dans cette opération, la potasse s'est combinée avec le noir animal, et a pris la place de la matière colorante qui lui était unie; cette matière colorante, devenue libre, se dissout dans le liquide, et s'obtient comme nous venons de le dire, par l'évaporation.

Plus la proportion de noir est grande par rapport à la quantité de sirop, ou, ce qui est la même chose, moins le sirop qu'on soumet à l'action du noir est coloré, et plus la décoloration est complète. Le contraire arrive dans des circonstances opposées. Ceci prouve que le noir a une faculté décolorante bornée, et que, quand le point de saturation du noir, par la matière colorante est atteint, la décoloration devient nulle.

Nous avons vu que la potasse pouvait prendre la place de la matière colorante. Si, d'un autre côté, nous indiquons un moyen d'enlever la potasse au noir à l'aide d'un agent qui ne reste point combiné à ce noir, on doit en tirer la conséquence qu'on peut restituer au noir toutes ses propriétés décolorantes et c'est ce qui a lieu en effet.

RÉVIVIFICATION DU NOIR ANIMAL.

Rendre au noir, qui a servi, ses propriétés primitives, constitue ce qu'on appelle sa révivification.

Nous avons à notre disposition deux procédés pour révivifier le noir : l'un consiste à le laver dans de l'eau jusqu'à ce qu'elle sorte claire et incolore, à faire sécher le noir et à le calciner fortement dans des pots de fer de la même manière que cela se pratique pour les os. Quand il ne sort plus de vapeurs par les joints, l'opération est terminée.

Dans cette opération, toute la matière colorante est détruite par l'action du calorique. Le carbone qu'elle contient reste uni au noir d'os, et ses principes volatils se dissipent. Il est nécessaire que la calcination soit bien complète et qu'elle s'exerce absolument sur toutes les parties du noir, sans cela on ne peut atteindre le but qu'on se propose. C'est presque toujours parce que le noir n'a pas été entièrement calciné que le noir révivifié ne jouit pas de toutes les propriétés qu'on désire trouver en lui.

Il faudrait peut-être, pour pouvoir le calciner complètement, le disposer en couches très minces dans des

*

vases faits exprès ; par ce moyen, toutes les parties de ce noir seraient atteintes par le calorique, tandis que, par la manière ordinaire, les couches les plus près des parois des pots sont seules calcinées, lorsque les couches intérieures sont loin d'être suffisamment chauffées.

La seconde manière de révivifier le noir animal, quoique plus compliquée que la première, est plus à la portée des fabricans de sucre. Le noir qu'elle donne est meilleur que celui qui est fourni par la calcination.

Voici en quoi consiste ce deuxième procédé :

On prend 100 kilogrammes de noir qui a servi ; on le lave dans une suffisante quantité d'eau pour que celle-ci sorte sans couleur.

D'une autre part, on fait éteindre 12 kilogrammes de chaux, on la met dans une chaudière de fonte pouvant contenir deux hectolitres, on ajoute 6 kilogrammes de potasse du commerce et un hectolitre et demi d'eau ; on fait bouillir ce mélange pendant deux heures, puis, après avoir laissé reposer quelques instans, on tire le liquide à clair. On verse un hectolitre de nouvelle eau dans la chaudière, on fait bouillir une deuxième fois aussi long-tems que la première, on réunit les deux liqueurs, et on jette ce qui est resté dans la chaudière comme inutile.

On nettoie la chaudière, on y met le noir lavé, puis la moitié de la liqueur alcaline, on fait bouillir pendant une heure, on jette l'eau qui surnage le noir, et qui est fortement colorée *, on la remplace par le restant de la liqueur alcaline, on opère comme il vient d'être dit; alors on lave le noir à deux reprises dans de l'eau claire.

On reprend ce noir lavé, on le délaie dans un hectolitre d'eau à laquelle on a ajouté quelques kilogrammes d'acide hydrochlorique, on laisse macérer ce mélange en ayant soin de l'agiter de tems en tems, pendant 36 heures, on jette le liquide comme inutile, et on lave le noir jusqu'à ce que le papier bleu de tournesol ne rougisse plus, lorsqu'on le plonge dans l'eau qui découle du noir, alors on le fait sécher convenablement.

Dans cette opération, la potasse a pris la place de la matière colorante qui était unie au noir; l'acide hydrochlorique dont on se sert dans l'opération subséquente a formé avec la potasse un sel que l'eau entraîne complètement, et le noir revient dans l'état où il était avant d'avoir servi.

Il faut, pour que l'opération que je viens de décrire réussisse, qu'elle soit exécutée avec beaucoup de soin, et que les lavages surtout se fassent exactement.

Les fabriques de sucre de betteraves deviennent si nombreuses, la quantité de noir qu'elles emploieront peut devenir si considérable, qu'on est en quelque sorte

* Cette manière de traiter le noir, nous donne un moyen facile de reconnaître du noir qu'on aurait falsifié avec du noir qui a servi. Il suffit de faire bouillir le noir qu'on soupçonne, dans une solution de potasse caustique; si le liquide se colore, on peut en conclure que le noir a été mélangé.

menacé d'en manquer ou au moins de le payer fort cher. Ceux qui seront bien persuadés de ces vérités, ne trouveront sûrement point déplacés les détails dans lesquels nous sommes entré pour la revivification du noir.

Quant à la question économique, elle est claire : un fabricant de noir a calciné pour moi du noir qui avait servi, et que je lui avais fourni. Il m'a compté le noir soumis à cette opération 15 francs les 100 kilogrammes. En opérant par le deuxième moyen, on peut évaluer la dépense et la main d'œuvre à 11 ou 12 francs aussi pour 100 kilogrammes. On n'oubliera pas qu'en revivifiant le noir indéfiniment, ce qui peut se faire à la rigueur, on se prive pour les terres d'un engrais précieux. Le tems et les circonstances indiqueront ce qu'il y a de mieux à faire, mais il est bon de pouvoir choisir.

CONCENTRATION DES SIROPS.

La concentration des sirops n'est autre chose que la continuation de l'évaporation du jus déféqué des betteraves, et on a toujours pour but, comme dans l'évaporation du jus, de dégager l'eau surabondante, pour que le sucre puisse passer à l'état solide.

On connaît deux méthodes pour la concentration des sirops : l'une qu'on appelle la cristallisation lente, et qu'on pourrait même nommer *très lente*, consiste à mettre les sirops dans des vases de fer-blanc, appellés cristallisoirs, et à laisser ces vases, dans des étuves chauffées de 30 à 34 degrés, jusqu'à ce que la majeure partie de l'eau soit évaporée, et que le sirop liquide qu'on y a placé, présente une consistance presque solide. Par des manutentions subséquentes, assez longues et coûteuses, on sépare ce qui reste encore de liquide d'avec le sucre proprement dit.

Ce mode de cristallisation, qui est préconisé par des fabricans expérimentés, donne, dit-on, plus de produit que par la cuite et les formes; cette assertion n'a pas été suffisamment prouvée. Du reste, elle permet plus facilement, que par la cuite, d'admettre des sirops qui n'ont pas toute la perfection desirable, et peut être confiée à des mains peu exercées, comme le remarque judicieusement M. Dubrunfaut.

Il y a quelques observations à faire sur la manière de conduire les étuves où sont placés les cristallisoirs. Si ces vases sont mis dans des étuves nouvellement construites, et dont les murs ne soient point suffisamment secs, l'humidité se porte sur les sirops, et en fait fermenter ou moisir une assez grande quantité.

Si l'étuve n'est pas faite dans de bonnes proportions, et qu'elle soit, par exemple, trop haute, la chaleur, se portant toujours dans les parties supérieures, les sirops chauffent trop, et on s'en aperçoit à la coloration prononcée que prennent les sucres; les cristallisoirs placés dans les rayons du milieu de ces hautes étuves, sont ceux qui marchent le mieux. Les sirops qui se trouvent dans les cristallisoirs mis près du sol languissent, et il n'est point rare d'en voir qui fermentent et moisissent. Pour faciliter l'évaporation, on casse, à l'aide d'un morceau de bois, tous les jours ou tous les deux jours, la croûte qui se forme à la surface des sirops. Il est bien essentiel de ne point porter le morceau de bois imprégné d'un sirop qui fermenterait dans du sirop en bon état, car celui-ci ne tarderait point à subir les mauvais effets du levain dont on l'aurait imprégné.

Le sucre de cristallisoirs a un inconvénient, c'est de présenter à l'œil plus de qualité qu'il n'en à réellement. Fondu, il donne toujours des sirops plus colorés que ceux qu'on devait attendre de la nuance du sucre, et cette remarque, faite par des raffineurs exercés, a jeté une défaveur marquée sur cette sorte de sucre.

Le deuxième mode de concentration est celui qui consiste à rapprocher les sirops vivement et suffisamment pour que, par le simple refroidissement, le sucre se cristallise spontanément.

Cette méthode est infiniment préférable à la première, elle donne plus promptement des résultats, elle est en un mot plus manufacturière.

Tandis que le sucre se fait presque seul dans les cristallisoirs; dans la cuite brusque il faut beaucoup d'habitude pour l'exécuter convenablement, il est nécessaire que la cuite ne soit ni trop serrée ni trop lâche. Dans le premier cas, on obtient des sucres fort compacts qui laissent égoutter le sirop qu'ils contiennent avec la plus grande difficulté. Lorsqu'on ne cuit pas assez serré, on n'obtient pas tout le sucre que l'on doit obtenir du premier jet ; il peut arriver même que le sucre ne prenne pas toute la consistance convenable pour se maintenir dans les formes où on l'a coulé, et il passe quelquefois tout entier dans les pots sur lesquels on a placé les formes.

Lorsqu'on cuit des sirops de bonne qualité, les sucres qui en résultent ont toujours assez de force pour bien cristalliser et se soutenir ; aussi peut-on les cuire plus faiblement que les sirops de mauvaise qualité, et surtout que les seconds sirops ou mélasses. Tandis qu'on cuit les premiers ordinairement à 110 degrés du thermomètre centigrade, il faut cuire les autres à 113° et quelquefois plus.

Le local dans lequel on dépose le sirop cuit avant de le mettre dans les formes doit être tenu à une température douce de 20 à 25 degrés centigrade. Sans cela le sucre se cristallise brusquement, il se forme des croûtes dures et abondantes qui tombent à la pointe des formes et empêchent les mélasses de s'écouler ; enfin pour la cuite dans les formes, il y a une multitude de petites précautions à prendre que la pratique enseigne et qu'on ne pourrait indiquer que par des détails excessivement longs et minutieux.

Les sirops mal préparés, ceux qui proviennent de betteraves altérées sont ordinairement fort colorés et d'un mauvais goût ; mis à cuire, ils présentent beaucoup de difficultés, et si l'on opère à feu nu, on risque souvent de brûler. Les sucres qui proviennent de ces sirops sont mous, bruns, et laissent égoutter les mélasses avec une difficulté extrême; ils sont d'un placement difficile dans le commerce. Toutes ces considérations, bien senties et bien appréciées par les fabricans, ont fait prévaloir dans beaucoup d'usines les cristallisoirs sur les formes; mais avec le procédé de blanchiment des sirops que nous avons indiqué, et qui ne peut manquer d'être généralement adopté, il est certain que les cristallisoirs seront bientôt rangés au nombre des ustensiles surannés, et dont on ne pourra raisonnablement faire usage puisqu'ils n'offriront aucun avantage, en compensation des nombreux embarras et des grandes dépenses qu'ils occasionent.

Les sirops de bonne qualité se cuisent également bien à feu nu, ou dans une chaudière chauffée par la vapeur; cependant on doit convenir que cette dernière manière de cuire est infiniment préférable; l'action du calorique ne s'y fait pas sentir d'une manière aussi fâcheuse qu'à feu nu, il y a beaucoup moins de mélasse formée; les produits sont plus abondans et plus beaux. En général, toutes les opérations qui se font à l'aide de la chaleur, et qui ont pour objet la fabrication du sucre indigène, s'exécutent beaucoup mieux par la vapeur qu'à feu nu; on y trouve le triple avantage d'économiser la main d'œuvre, le combustible, et d'opérer toujours avec sécurité et commodément.

DU RECUIT DES MÉLASSES.

Si l'on cuisait les sirops de manière à évaporer toute l'eau qu'ils contiennent, on obtiendrait une masse solide, compacte, colorée et de mauvais goût. Le sucre liquide et la matière colorante seraient confondus avec le sucre cristallisable. Tous les sels que contient le sirop de betteraves seraient également mêlés à cette masse ; on aurait enfin un produit qui ne pourrait se placer pour aucun prix dans le commerce ; c'est pour cette raison qu'on est dans l'usage de ne point rapprocher les sirops à ce point de siccité, et qu'en le cuisant, on a la précaution de faire en sorte que les matières étrangères au sucre proprement dit puissent s'en séparer autant que possible. Toutefois, cette séparation n'est pas tellement exacte que le sucre cristallisé ne retienne de la matière colorante, etc., et que la portion liquide ne soit composée, outre le sucre incristallisable, de plusieurs autres substances et d'une assez grande quantité de sucre cristallisable. C'est pour obtenir ce sucre cristallisable qu'on procède au recuit des mélasses. Cette opération n'a rien de particulier, elle se fait comme la cuite des premiers sirops ; il faut avoir seulement la précaution de cuire un peu plus fort que pour ceux-ci, et si 110° sont suffisans pour les premiers sirops, il faudra 113 à 114° pour les deuxièmes sirops. Moins un sirop est riche en sucre cristallisable, plus il faut que la cuite soit forte, *et vice versâ*.

Les sirops de mélasse sont toujours beaucoup plus

colorés que les premiers sirops. On pourrait croire qu'il y aurait de l'avantage à les passer sur le noir animal; l'expérience m'a appris que ce procédé ne serait point économique. Outre la matière colorante, proprement dite, les seconds sirops contiennent encore une assez grande quantité de substance visqueuse qui s'attache au noir et empêche son action. Un deuxième sirop, plus blanc qu'un premier sirop, sera beaucoup moins décoloré que ce dernier.

Le meilleur parti à prendre pour ces deuxièmes sucres, est de les claircer après les avoir laissés se purger des mélasses qu'ils contiennent.

On peut essayer de cuire jusqu'à 3 ou 4 fois les mélasses que l'on obtient des différens sucres que l'on prépare, il ne faut cesser de cuire que lorsqu'on voit que les sirops ne fournissent plus de sucre solide.

Il arrive, à la fin de toutes ces recuites, qu'on n'a plus pour résultat qu'un sucre brut, gras, de peu de qualité, d'un égouttement difficile; en y mêlant un peu d'eau, le soumettant dans des sacs à l'action d'une forte presse et le décolorant par le noir, on parvient encore à obtenir une *vergeoise* qui se vend avantageusement. Quand les mélasses sont tout-à-fait de mauvaise qualité, leur cuite devient très difficile et même impossible au feu, il faut avoir recours à la vapeur.

On facilite cette cuite en clarifiant les mélasses, en y ajoutant du noir et les filtrant.

Les dernières mélasses contiennent encore une assez grande quantité d'hydrochlorate de chaux ; l'addition de 60 grammes de carbonate de soude pour chaque cuite est fort utile. Il se forme du carbonate de chaux et de l'hydrochlorate de soude : le premier de ces deux sels est insoluble, et le second, ayant beaucoup moins d'affinité pour l'eau que n'en a l'hydrochlorate de chaux, la cuite se fait infiniment mieux.

DU CLAIRÇAGE DES SUCRES.

Le clairçage consiste à passer sur des sucres colorés, et qui n'ont point encore été *lochés*, une certaine quantité de sirop blanc.

Cette opération a pour objet de décolorer les sucres sans les faire fondre.

Depuis long-tems, on connaît le clairçage ; mais comme on ignorait le moyen de le pratiquer économiquement, on le mettait rarement en usage dans les fabriques de sucre de betteraves.

Règle générale : Toutes les fois qu'on veut claircer, il faut employer un sirop plus blanc que le sucre, sur lequel on opère.

Le mode de décoloration que nous avons indiqué, en permettant de rendre blancs les sirops qui proviennent des sucres les plus communs et les plus colorés, offre un moyen très économique de claircer.

Voici comment se fait cette opération : on prend

du sucre le plus commun que l'on ait à sa disposition, on prépare un sirop en le clarifiant et le filtrant convenablement. On le verse à 28° de l'aréomètre, et bouillant sur un filtre disposé de la manière que nous avons indiquée en parlant de la décoloration ; on met de côté tout le sirop suffisamment décoloré qu'on peut obtenir, et on fait rapprocher ce sirop à 32° bouillant, on le laisse refroidir. On cuit le sirop qui passe ensuite sur le noir animal pour en faire du sucre, ou bien on le filtre sur de nouveau noir, pour le décolorer convenablement, et s'en servir comme sirop de clairçage.

D'un autre côté, on a des formes remplies du sucre que l'on veut claircer, et qui doit être presque entièrement purgé de la mélasse qu'il contenait ; on fait *les fonds*, c'est-à-dire qu'après avoir enlevé la croûte qui se trouve toujours à la base des pains de sucre, on écrase, on divise, le mieux possible à la profondeur de 2 à 3 pouces le sucre lui-même, et on verse sur ce sucre pilé, une certaine quantité de clairce, en prenant la précaution de placer au-dessus du sucre une large écumoire pour que la clairce soit bien divisée, et ne tombe pas en un seul jet sur un même endroit.

Peu à peu, la clairce pénètre le sucre et s'enfonce dans la forme, de manière à disparaître entièrement. On la laisse s'égoutter pendant trois jours, et, au bout de ce tems, on enlève, à l'aide d'un fort couteau, tout le sucre que la clairce a blanchi. On verse de nouvelle claircc sur le sucre qui reste dans la forme ; on opère comme la première fois, et on continue jusqu'à ce que la forme soit entièrement vidée du sucre qu'elle contenait.

Si l'on opère sur des formes qui contiennent 35 à 40 kilogrammes de sucre, il faut verser 8 litres de clairce à-la-fois ; si les formes contiennent 20 à 25 kilogrammes, 4 litres suffisent.

A mesure qu'on retire le sucre de la forme, on le divise le mieux possible en frappant dessus avec un corps dur ; on l'étend sur des toiles dans un endroit chaud, pour le faire sécher.

Le clairçage doit se faire dans un local dont la température soit au moins à 20 ou 25° du thermomètre centigrade. On remarque, dans cette opération, que le sucre qui était dans la forme a augmenté de poids d'une manière sensible, de 12 pour % au moins, et que le grain du sucre est beaucoup plus fort et plus nourri. La clairce, en passant sur le sucre, s'est en partie attachée à chacune de ses molécules, et en a augmenté le volume. Le surplus de la clairce a dissout la matière colorante qui salissait le sucre, et en s'écoulant l'a entraînée avec elle ; aussi, trouve-t-on, dans les pots sur lesquels sont placées les formes, des sirops fort colorés.

Ces sirops ont une disposition très prononcée à la fermentation, et on ne saurait les recuire trop promptement. Le sucre qui en provient est de médiocre qualité, et il a besoin d'être fondu, clarifié et décoloré pour en tirer un parti avantageux. Moins le sucre soumis au clairçage est coloré, plus la clairce est blanche, plus aussi on obtient de sucre claircé et de meilleure qualité. Le contraire arrive si on clairce des sucres fort bruns, ou si la clairce n'est pas très blanche.

Les sucres cuits trop serrés, ceux qui sont *gras*, c'est-à-dire imprégnés de mélasse, se claircent fort difficilement.

Nous avons dit qu'il fallait que les sucres fussent parfaitement égouttés avant d'être claircés, et cela se conçoit aisément; si l'on versait de la clairce sur des sucres qui ne seraient point, ou qui seraient médiocrement égouttés, cette clairce se mêlerait au sirop, dont serait imprégné le sucre, se colorerait et serait peu propre à décolorer le sucre, sur lequel elle passerait ensuite. Lorsqu'on décolorera les premiers sirops de betteraves, en les passant sur du noir animal disposé, ainsi que nous l'avons indiqué, et c'est ce que nous conseillons de faire, on obtiendra des sucres assez blancs pour n'être pas obligés de les claircer; mais il conviendra de le faire pour les sucres provenant du recuit des mélasses. Cette opération rendue facile et peu dispendieuse par le nouveau mode de décoloration, offrira certainement des produits très avantageux.

DES MÉLASSES.

Les mélasses sont formées de tout le sucre liquide qui existe naturellement dans les betteraves, de celui qui se forme dans le courant des opérations par suite de l'altération du sucre cristallisable, de matière colorante brune et visqueuse, et de différens sels.

Il résulte de ce mélange un composé d'un goût désagréable et qui ne permet point de l'employer aux compositions dans lesquelles on met ordinairement la mélasse de sucre de canne; aussi la mélasse de betteraves se vend-t-elle à vil prix, et est très peu recherchée. On a voulu l'utiliser en la convertissant en eau-de-vie ou en vinaigre, et nous allons traiter de ces opérations.

DISTILLATION DES MÉLASSES.

Toutes les fois que le sucre, soit solide ou liquide, est délayé dans une assez grande quantité d'eau, qu'il est mêlé avec du ferment et placé dans une température chaude, ses principes réagissent les uns sur les autres, le liquide prend une odeur vineuse, et son degré aréométrique diminue sensiblement; en soumettant ce liquide à la distillation on obtient de l'alcool.

De la mélasse, de la levure de bière (ferment), de l'eau et de la chaleur ne suffisent point pour obtenir tout l'alcool que peut fournir ce mélange; la fermentation se fait mal, et la liqueur, au lieu d'indiquer seulement un ou deux degrés à l'aréomètre, en marque souvent 4 et 5. Lorsqu'on ajoute de la farine de seigle, la fermentation se fait beaucoup mieux et le sucre est totalement converti en alcool.

Les proportions les plus convenables pour la fermentation des mélasses sont les suivantes : mélasse 125 kilogrammes, farine de seigle 15 kilogrammes, levure de bière 750 grammes, eau 5 hectolitres.

On délaie d'abord la farine de seigle dans un demi-hectolitre d'eau bouillante, on laisse macérer pendant 3 ou 4 heures en ayant soin de couvrir le vase, on ajoute la mélasse et l'eau, on délaie la levure dans quelques litres d'eau tiède, et on brasse le tout convenablement pour que le mélange soit exact. Ce mélange doit marquer 7 à 8 degrés à l'aréomètre de Beaumé, et 36 degrés environ au thermomètre centigrade. Le local où se fait la fermentation doit avoir 18 à 20 degrés de température.

Au bout de quelques heures, on voit que la fermentation commence à se manifester ; une espèce d'écume vient se former à la surface du liquide, peu à peu elle augmente de volume et finit par se boursoufler considérablement, de telle sorte que si le vase dans lequel a lieu la fermentation n'était pas plus grand qu'il ne faut pour contenir le mélange, on verrait une grande quantité du liquide s'échapper par dessus les bords.

Au bout de 24 heures, la masse d'écumes qui s'était formée sur le vin de mélasse, s'affaise et finit par disparaître entièrement ; sa densité a diminué, il ne marque plus que 1 à 2 degrés, si le liquide indiquait des degrés plus élevés, il faudrait dans les fermentations suivantes, augmenter de quelques cents grammes, la levure de bière.

On procède alors à la distillation : si l'on opère à feu nu, il est essentiel de tirer le liquide parfaitement à clair; on peut négliger cette opération, si l'on distille à la vapeur.

L'eau-de-vie de mélasse est loin d'avoir le goût aussi franc que celle de vin; on parvient à la rendre de meilleure qualité, en mêlant au vin de mélasse, lorsqu'on le distille, 250 grammes de charbon végétal, et autant de carbonate de chaux (blanc d'Espagne) en poudre grossière; on peut rectifier cette eau-de-vie, c'est-à-dire la distiller une deuxième fois et la convertir en alcool.

ACIDIFICATION DES MÉLASSES.

Lorsque les eaux-de-vie de vin sont abondantes et à bon marché, il y a peu de bénéfice à faire sur l'eau-de-vie de mélasse; il serait plus avantageux, dans ce cas, de préparer du vinaigre. Cette opération demande des appareils peu dispendieux, et peu de frais de manutention.

Dans un tonneau pouvant contenir un hectolitre, on met 12 kilogrammes de mélasse, on délaie cette mélasse avec 80 litres d'eau à 30°, on ajoute un kilogramme de levure de bière délayée dans un litre d'eau tiède, on mêle le tout exactement, et on place le tonneau dans un local, dont la température est de 18 à 20°, et on l'y laisse pendant 15 à 20 jours; au bout de ce tems, le liquide est converti en vinaigre.

Ce vinaigre est fort coloré, et a un goût peu agréable; on parvient à le décolorer en partie en le filtrant sur du noir animal; mais en passant sur cet agent décolorant, le vinaigre dissout une certaine quantité de phosphate et de carbonate de chaux qui le rendent, à cause de leur goût désagréable, peu propre aux usages de la table.

Si on voulait avoir des vinaigres blancs et de bonne qualité, il faudrait décolorer la mélasse avant de la faire fermenter; mais alors cette opération serait plus dispendieuse.

Le meilleur usage que l'on pourrait faire des vinaigres de mélasse serait d'en préparer différens sels usités dans les arts et employés en grande quantité, tels que l'acétate de plomb ou sel de saturne, la céruse, le vert de gris, etc. Nous renverrons pour la préparation de ces sels aux divers ouvrages qui traitent de la chimie générale, et particulièrement à la chimie appliquée aux arts de M. le comte Chaptal; au traité de chimie élémentaire de M. le baron Thénard.

FIN.

Arras, Imprimerie de G. SOUQUET, rue du Cornet, N° 248.

FABRICATION
DU SUCRE
DE BETTERAVES.

www.ingramcontent.com/pod-product-compliance
Ingram Content Group UK Ltd.
Pitfield, Milton Keynes, MK11 3LW, UK
UKHW021220230726
13926UKWH00003B/1147